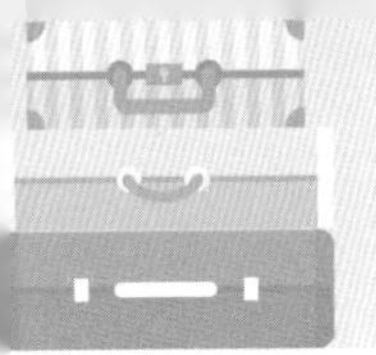

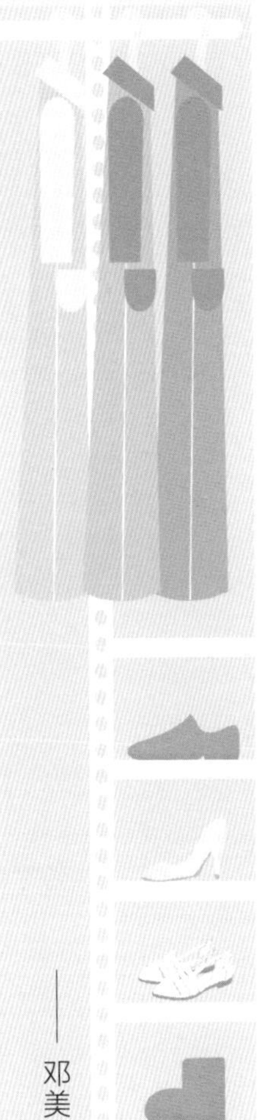

了不起的衣橱

——衣橱收纳整理全书

——邓美 著

江苏人民出版社

图书在版编目（CIP）数据

了不起的衣橱 ：衣橱收纳整理全书 / 邓美著. --
南京 ：江苏人民出版社，2020.10
ISBN 978-7-214-25359-0

Ⅰ. ①了… Ⅱ. ①邓… Ⅲ. ①家庭生活－基本知识
Ⅳ. ①TS976.3

中国版本图书馆CIP数据核字(2020)第148978号

书　　名	了不起的衣橱——衣橱收纳整理全书
著　　者	邓　美
项目策划	凤凰空间／徐　磊
责任编辑	刘　焱
特约编辑	徐　磊　都　健
出版发行	江苏人民出版社
出版社地址	南京市湖南路1号A楼，邮编：210009
出版社网址	http://www.jspph.com
总　经　销	天津凤凰空间文化传媒有限公司
总经销网址	http://www.ifengspace.cn
印　　刷	北京博海升彩色印刷有限公司
开　　本	889 mm×1 194 mm　1/32
印　　张	5
版　　次	2020年10月第1版　2020年10月第1次印刷
标准书号	ISBN 978-7-214-25359-0
定　　价	39.80元

前言

打造精致衣橱，你准备好了吗？

此刻，你手里的这本书，是为追求精致生活的人准备的一把钥匙，它会告诉你如何打造精致衣橱，改变你的生活，从而间接延长你的生命！

——整理师 邓美

相信大多数人已经很多年没有好好整理自己的衣橱了吧？你一定也有过盯着满衣橱的衣服却不知道该穿哪一件的经历。

或许你也曾尝试过整理，想要改变衣橱凌乱不堪的样子，可是结果却收效甚微。

你甚至可能会感觉每次打开柜门的时候，那成堆的衣服都在往外涌，像是在向你表示不满甚至报复性“嘲笑”：“你花了那么多钱把我们买回来，但是并没有发挥我们的价值！我们在衣橱里感觉快要窒息了，一点也不想再呆在这里了，求求你把我们放出来好吗？”

如果你衣橱内的衣服也会往外涌，那实际上反映了你的生活秩序出了一些问题。凌乱的衣橱不仅会影响我们的心情、工作和生活，还会降低我们的生活品质和生活效率，甚至会让我们倍感焦虑和烦躁。

想象一下自己拥有一个整洁舒适的房间，抽屉都很干净，衣橱精简而整齐……光是想象这个场景都能让人神清气爽。这样的环境能有效防止我们在多余的事情上浪费时间，既能提高我们的做事效率，还能让我们的生活更加精致。

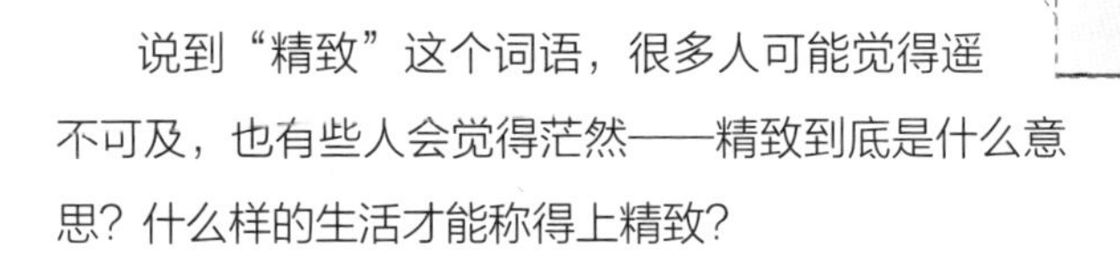

说到“精致”这个词语，很多人可能觉得遥不可及，也有些人会觉得茫然——精致到底是什么意思？什么样的生活才能称得上精致？

一个人的生活方式能够决定其生活品质，而一个人的生活品质就是影响其精致生活的关键。有人说，精致的生活是一种格调，也是一种态度。

近两年日本兴起的“断舍离”和“怦然心动的人生整理魔法”在中国掀起了热潮。事实上“更少”“更小”的极简生活概念十多年前就已经在发达国家出现并成为人们的一种生活方式了，如今这种概念也将不断渗透进我们的日常生活中。

现在很多人会把“舍”“简”“心动”等词语跟“整理”搭配在一起使用，国内外都出了不少以“物品尽量少”“如何丢弃生活中多余的物品”为主题的书籍，讲述各种整理方法，网络上也有很多收纳整理的教学视频。这些书籍、视频教大家通过不执着于金钱、丢弃物品、整理房间来丢弃生活中多余的执念和迷茫，从而让人整理自己的内心，创造快乐，丰盈人生。

但是，单纯地减少物品、做到极简就能达到精致整理的目的吗？并非如此，简单的“少”或“丢”并不能真正解决问题。那我们如何才能将生活整理得与众不同，进而过上自己想要的生活，获得自己想要的衣橱呢？无论什么事，一定要找到症结并对症下药才行。所以我们要先搞清楚自己想要什么样的生活。

丢以“我”为中心

不以“物”为中心

当我们选择真正适合自己的生活方式、思考应该保存的物品时，都应该问一下：“这是我真正想要的吗？”“这是美的吗？”这样就会顺其自然地选择舒适且具有合理功能的物品。

虽说各种标准都会令生活向更好的方向发展，但是搞清楚“是不是我想要的”“是不是美的”，并以此为标准的生活方式才是通往精致生活的理想阶梯。衣橱整理也是同样的道理。

正如前面所说，每个人对精致生活的定义都是不一样的，简单来说可以这样理解：

①**保持环境整洁干净**。连环境整洁干净都做不到的人，生活是不可能精致的。不论工作还是生活，随时保持自己所处环境的整洁干净，这是精致生活的基本条件。

②**打造仪式感**。精致是物质上的，也是精神上的。我们可以根据自己的性格和喜好，为自己设计一个习惯性动作，打造生活中专属时刻的仪式感。也可借助一些小物品打造仪式感，比如在家里装饰鲜花、在衣橱内挂上香袋等。

③建立良好的生活习惯。良好的生活习惯，比如早睡早起、物品定点定量放置等，能让细节处的精致与时光共舞。

④保持良好的学习和阅读的习惯。不读书、不学习，脑袋里空空如也，怎能懂得生活的真谛？

⑤保持精神和经济的独立。骨子里透着精致的女人，会有一种独立又不失温柔的生活姿态。

⑥建立低数量、高质量的衣橱。高质量的衣橱是你我所向往的精致生活的开始。

可以说前五项是一个持续漫长的过程，如果你想过上精致生活，不妨从最基础的衣橱开始。

精致衣橱是精致生活的标配。在这本书中，我将为大家介绍精致衣橱的全部收纳整理方法。一日之计始于“橱”，想象一下，清晨起床后打开衣橱的那一瞬间就像开启了一道亮丽的风景线，让你感觉活力满满！

精致人生，从整理衣橱开始。

引子　衣橱整理的美妙之旅

为什么你的衣橱总是这么乱

“扔”出来的精致衣橱

提高衣橱空间利用率的秘诀

学会这些，你也可以做衣橱布局规划师

从衣橱“纳”出精致人生

整理让生活更精致

引子　衣橱整理的美妙之旅

家，不仅是存放物品的空间，更是抚慰我们心灵的港湾。而衣橱，则是衣服的家。

此刻，拿起这本书的你也许有过这样的经历：出门时东翻西找都找不到想穿的衣服；因为家人弄乱了衣橱而发脾气；感觉衣橱不够用，知道设计不科学，却不知道该如何改善；知道衣橱里的衣服过多，应该断舍离，可还是下不去手……

其实，不管衣橱还是家里的空间，如果不用心维护就会变成糟糕的样子。如果家都变得糟糕了，生活还会好吗？

也有人觉得整理只是摆放物品而已，可以请家政阿姨代替自己完成。但不管你怎么看待整理，你都要知道整理有一个永恒的目标，那就是：**让生活更便捷，让自己更愉悦**。

那么，如何达到这个目标呢？

就本书而言，打造属于你自己的精致衣橱，要先从低数量、高质量入手。当然，仅靠这一点就想把衣橱整理做好是远远不够的，还需要了解衣橱的科学布局规划、有效的收纳术、舍取的技巧以及收纳工具的使用等一系列相关问题。

你也许看过很多关于收纳的书，但仍然做不好衣橱整理。没关系，你所期待的**衣橱整理的美妙之旅**此刻已经开始了！

为什么你的衣橱总是这么乱

- 会叠衣服不等于会整理衣橱
- 为衣橱整理准备充足时间
- 制订科学的衣橱整理计划表
- 找出凌乱真凶，对症下药整理
- 衣橱内的衣服真的适合自己吗?
- 打造真正适合日常生活的衣橱
- 如何维持衣橱清爽舒适的状态

整理前

整理后

会叠衣服不等于会整理衣橱

几年前，如果别人问起我的工作，我会不假思索地回答：“**我是做衣橱整理的！**”对方半懂半惑地说：“哦，就是叠衣服嘛！这个我也会，简单。”每当这时，我就会认真地给对方解释：“不是的，这不只是简单的叠衣服……”

可能现在正在看这本书的你也对此有同样的误解，而其他整理师对于该如何回答类似问题可能也和曾经的我一样不知所措。刚开始进入这个行业的时候，我确实是因为擅长叠衣服而红的，但事实上作为一个职业整理师，我最喜欢的是收纳，为此我不断地去研究、学习和实践。这个过程本身或许并不重要，重要的是我们在做一件事情的时候，能够明白它的本质，并体会你赋予它的意义。

如果你觉得衣橱整理只是把衣服叠好，那么你对它的理解就只停留在叠衣物的层面，这样是无法达到衣橱整理的最佳效果的。这就是很多人叠了一辈子的衣服却仍做不好衣橱整理的原因，也是有些人从众多整理书籍中学到了技能，却发现自己的衣橱还是不能像想象中那么理想和方便的原因。

倘若我们给衣橱整理赋予某些更高层次的意义，比如一种精致的生活方式，或者一种有品质的穿衣养护习惯，就可以将它变得更理想。如果这种理想状态有些模糊，你不妨从网络和海报上找出符合你理想衣橱的具体样子，将其调整成自己可以实现的目标，并把它的样子贴出来，然后规定自己完成它的时间以及所要达到的效果。

所以，会叠衣服并不一定会整理衣橱，更谈不上一定会有一个清爽的好衣橱！这就要求我们必须知道以下几点：

①一个合理的衣橱布局是怎样的？

②常见的不合理的衣橱布局是怎样的？

③不合理的衣橱布局有哪些改善方法？

④如何判断物品是否超出空间的容量？

⑤当物品超出空间容量时，我们要如何科学地舍弃、淘汰？

⑥不同材质的衣物，其特性及养护方法是怎样的？

⑦叠衣物的原则与方法是什么？

此外，你还需要清楚自己的目标，并坚持做好以上这些事情。如果这些都可以做好，那么你一定可以收获一个一劳永逸的整齐衣橱。

所以，请不要再说衣橱整理就是叠衣服的话了，整理师也没有必要刻意解释衣橱整理到底是什么。从专业角度看，衣橱整理是通过判断柜体空间的布局设计以及主人的衣着喜好，从而设计出一套符合当事人习惯的科学存放系统。本

质上，衣橱整理就是协调柜体空间、物品与人这三者之间的关系，进而建立有序的存放秩序，让主人养成良好的生活习惯，拥有舒适的生活——简单来说就是帮助一个人改善生活方式和提高生活品质。

有些人的衣橱很小，却能容纳一家人的衣服，并且从来不会找不到当天出门想要穿的衣服。打开衣橱，衣服整齐得一目了然，主人便不会因寻找衣物而浪费时间。而另一些人则相反，衣帽间大得能抵上别人的卧室，衣橱装得满满当当，却总是找不到自己想穿的衣服，最后浪费大量时间和精力在管理和存取衣物上。

之所以出现这种差异，是因为后一种人不明白自己需要一个怎样的衣橱，或者说，需要一种怎样的生活方式、一种怎样的人生。

会叠衣服不代表会整理衣橱，而好衣橱却是一个缩影，反映着一个人的生活状态。这就要求我们清楚自己的目标，不断改善和提升自己的生活品质。而整理，正是实现这一目标的阶梯。

为衣橱整理准备充足时间

很多向我咨询衣橱整理的人都认为这是一件非常简单的事情，以为衣橱整理根本不需要花太多时间，更不用说要花上足足一整天去整理了。

事实上，一个完整的衣橱整理流程是：清空—清洁—分类—筛选—布局—悬挂—折叠—调整—收尾。

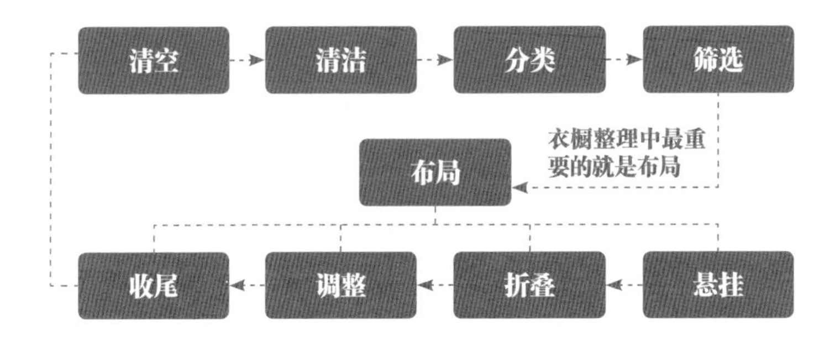

除了前两步和后两步花费时间不是特别长之外，其他每个环节都需要花费至少 1 小时时间。**一般来说，一个长 5 米以下的衣橱**（此处指衣橱的延米为 5 米。延米是用于统计不规则条状或线状工程的工程计量，一般用在橱柜制作中），**首次整理需要 5 ~ 8 小时甚至更久**，很多人对此都感到惊讶。事实上，经过我们整理之后，常常出现这样的情形：客户很难相信那些多到能堆到天花板的衣物，竟然可以收在一个大小毫不起眼的衣橱里。这些衣物常令他们痛苦得无从下手，但整理师就是有办法把它们整理得井井有条。对此，有些客户会感到愧疚，因为很多衣服连他们自己都不记得了，这是一种对空间、对生活甚至是对生命的浪费！

生活中，有些人喜欢购买数量众多的廉价衣服，有些人则喜欢购买价格昂贵但品质很好的衣服。前者虽然衣服很多，可是总感觉找不到想穿的，然后过段时间就会对那些衣服失去兴趣，因为它们质量不好。后者很容易找到自己想穿的衣服，有些衣服即使穿两三年也不减对它的喜爱。整理衣橱也是一样的道理。有些人不明白整理衣橱的真谛，觉得是为了整理而整理，就像买衣服的前者一样，为了买衣服而买，这样导致的结果就是付出很多精力、金钱却根本没有提升效果。

很多咨询者会诉苦说他们看了很多有关整理的书籍和视频，却依然做不好整理，或者整理之后很快又恢复原样。这时我就会详细询问他是怎么整理的，除了判别他的做法是否正确或哪里存在遗漏之外，我还特别关心他整理衣橱花费的时间。事实上，衣橱整理不到位的一个重要原因就是没有用充足的时间来整理。

有些人可能只花费一两个小时来整理衣橱；有些人则要整理一个月；还有些人今天整理挂的衣服，明天整理叠的衣服；更有些人只在换季的时候才把当季和过季的衣服调换一下……如果你也和上面的人一样，那么你恐怕也很难整理好你的衣橱。

不同的整理时间

①**用一两个小时整理衣橱**，就像用少量的钱买大量的衣服一样，其实很难达到你心目中理想的效果。

②**花上一个月的时间来整理衣橱**，结果只会越整理越乱，不断地返工，然后不断地被“打回原形”。与其如此，你不如先好好思考一下真正想要的生活是怎样的，你希望每天打开的衣橱是怎样的，然后再开始动手整理。

③如果你用的是**今天整理挂的衣服、明天整理叠的衣服**的方法，我相信你是一只勤劳的小蜜蜂，但希望你务必做一次时间足够的完整清理。因为挂的衣服里面可能有需要叠的，叠的里面也可能会有需要挂的，只有一次性整理，才能更好地将它们分类。

④如果你只在**换季时才把过季衣物塞到衣橱上层，把当季的换到下层**，那么我认为你可能是崇尚简单生活、喜欢一劳永逸的人。从科学的角度讲，一个家庭的衣橱一年需要四次整理清洁，即使物品偏少，一年也至少需要整理两次，这样才能保证它整齐有序、干净安全。

所以，如果真想做好衣橱整理，请一定要准备充足的时间。你要相信虽然短期来看是花了大量时间，可是从长远来看，这些时间却能给未来带来无限价值。

制订科学的衣橱整理计划表

现实生活中，不能按时完成计划是一种非常普遍的现象。很多人相信自己能在规定期限内完成一项计划，但事实却是超过 50% 的人会因为无法完成而不得不重新制订计划，真正按时间规定完成计划的人大约只有 8%。当然，每个人的具体情况不同，所以结果也因人而异。

整理这件事和能否按时完成计划在很多地方有共同点，所以能否制订一个行之有效的整理计划直接关系到我们衣橱整理的结果。但是在制订科学的衣橱整理计划之前，首先要做的事是了解自己，然后再对症下药，这才是正确解决整理难题的方法与步骤。

很多人在整理衣橱时会出现“总是整理不完”“无法维持整洁”“整理之后又恢复杂乱”等烦恼，这都是有原因的。因此在制订衣橱整理计划之前，我们一定要先探究出现上述烦恼的原因，然后找出最适合自己的整理方法。

①只要衣物还可以用就不会丢掉。

②只要购买了新衣物，就会丢掉家里的一部分旧衣物。

③热衷于个人兴趣。

④觉得自己的衣橱收纳空间不足。

⑤衣物除了放在衣橱里，还会在衣橱外随意放置。

⑥曾经有过丢弃衣物后后悔的经历。

⑦衣橱永远处于塞满的状态。

⑧有衣物需要洗的时候，不会立即处理，而是告诉自己“一会儿再洗”。

⑨衣物随意摆放，没有经过深思熟虑。

⑩很多年前买的衣物仍在自己的衣橱里面。

⑪衣橱里没有特别喜欢的衣物。

⑫晒干后的衣物不会立即叠好收纳，会先放在一边。

⑬不清楚自己的衣橱内有哪些衣物。

⑭购买衣物的标准是“好看”而非“喜欢并适合”。

⑮明知“应该要整理”，但真正去做要过一段时间才开始。

⑯从未思考过自己的衣橱布局是否合理，以及是否需要添置一些收纳工具。

⑰认为整理衣橱一次性解决比较有效。

⑱看到商场里的衣物“打折”或贴出“赠品”“限量商品”标签便会忍不住购买。

⑲不得不整理衣橱时，整理后与平时的状态相差特别大。

⑳每天总是忙碌不堪，完全没有时间整理。

这里介绍一种测试方法，方便大家自行判断自己属于哪种类型，并找到相应的解决方案。

下面的表格中，①～⑳对应上面的 20 条现象，记分方式是：

	①	②	③	④	⑤	⑥	⑦	⑧	⑨	⑩	⑪	⑫	⑬	⑭	⑮	⑯	⑰	⑱	⑲	⑳	合计
A			2		1			2									1		1	2	
B			1	2			2						1			2		1			
C					2				2	2	2				1						
D					2			2					1		1		1		2		
E	2					2			1	2								1			
F		2									2	1	1	2		1					

对照表格，分别在 A ~ F 栏勾选选项的总分，合计总分最高的就是你所属的类型。如果出现两个或两个以上的类型同分，那么代表你同时具备这些特质。

举例说明，假设我们勾选的是①③⑩⑮，表中红色字体为所得分数，合计里面最高的分数是 4，4 对应的是 E，所以判断出来便是 E 型。

	①	②	③	④	⑤	⑥	⑦	⑧	⑨	⑩	⑪	⑫	⑬	⑭	⑮	⑯	⑰	⑱	⑲	⑳	合计
A			2		1			2									1		1	2	2
B			1	2			2						1			2		1			1
C					2				2	2	2				1						3
D					2			2					1		1		1		2		1
E	2					2			1	2								1			4
F		2									2	1	1	2		1					

A 型：没时间

每天整理几分钟或者一个区域，养成习惯

我们总是忙到没有时间整理衣橱，然后每天都要抱怨找不到衣服。事实上，一次性长时间的整理不一定要经常做，在日常生活中你可以尝试类似 21 天整理法的方法。如果每天能挤出一点时间来整理，比如 5 分钟、10 分钟，或者每天整理一个区域，效果也会很好。

B 型：没有空间收纳

判断衣橱布局是否合理和物品是否超出容量

衣橱太小，衣物太多，当然容易凌乱。事实也是如此，正因为衣橱小，所以要合理利用每一寸空间。如何利用呢？首先要判断这个衣橱是否合理，然后再决定是改造弥补还是工具弥补。除此之外，如果你的物品数量超出了空间容量，那么就要重新筛选物品。

C 型：个性邋遢 审视衣橱收纳场所，找出最简单轻松的方法

人天生喜欢简单，讨厌麻烦。如果没有把物品放回本来位置的习惯，那么可以先将空间分为几个大的区域（事实上很多衣橱本来就已做好了分区），然后单独建立或腾出一个空间用来存放我们不能及时归位的衣物，等到整理的时候将其放回原位就好。

D 型：不想整理 邀请朋友来参观你的衣橱，强迫自己整理

很多时候整理是在你觉得有必要的时候才进行的，但此时你的衣橱可能已经变得非常糟糕而不易整理了。如果你制订一个计划，定期让衣橱有一个大改观或者换季时邀请朋友来参观，这样你整理的动力就会更强，也会更加有荣誉感。

E 型：思考后再购买 购买前先想好有没有地方存放

很多时候，我们认为"可能还用得着"的衣物，实际上几年你都不会去动它。所以，为了保证衣橱内部的健康循环，应该定期丢掉那些基本不会再用的衣物，这样才能保证添置新衣物时不会影响拿取和使用。如果每次购买前不进行舍弃，效果则会相反。

F 型：不喜欢整理 尝试着让自己的衣橱整齐起来，爱上整理

不喜欢整理，一个原因是单纯的懒惰，还有一个原因可能是你还不够喜欢自己的衣橱，或者衣橱里的衣服并不是你喜欢的样子。如果是这样，我们就应该将衣橱里的衣物做好分类和舍取，只留下自己最喜欢的，把它们整理得整整齐齐，达到打开衣橱就很有满足感、自豪感的程度，慢慢尝试整理甚至爱上整理。

看到这里，也许你有些疑惑，前面我们说过，想要衣橱达到整齐有序的话，需要一口气做完整理，为何后来又提倡使用 21 天整理法呢？这是因为，21 天整理法是一种生活中的常效整理法，对于那些实在没有时间整理的人来说，每天整理一点，可以让整理效果积少成多。当然，这样做最好提前做个计划，以免重复整理或忘记整理某些衣物。

当然，**只停留在判断自己的类型然后制订计划还不够，我们还需要严格执行计划**。你可以把计划写出来，把理想的衣橱样子画出来或从海报上剪下来，每天都看看是否离计划又近了一步。如果感到整理很困难，不妨多想想自己坚持下来以后的美好生活情景，这样你就有足够的动力去执行了。

在整理的路上，请一定要相信和坚持自己的选择，你一定会成为最棒的，你的家也一定会成为你想要的样子。

找出凌乱真凶，对症下药整理

有研究显示，凌乱的生活环境容易让人产生心理压力，导致暴饮暴食。另外，在家吃饭的人肥胖风险比“外食族”低 26%，如果能做到吃饭时不看电视，肥胖风险则能降低 37%。

美国康奈尔大学曾做过“环境脏乱对人们饮食会有什么影响”的实验，他们请来 98 位女性，一半人进入杂乱的厨房，另一半人则进入干净的厨房。两个厨房里都有饼干、点心，但是环境不同。研究人员要求进入脏乱厨房的人回想并写下人生中失控的情景，而进入干净厨房的人则被要求写下人生中一切都在掌握中的经验。结果带着压力进入脏乱厨房的人比起那些在干净厨房的人多吃了 221.85 焦热量的食物。这个研究显示，脏乱的环境可能会加重人们在压力下暴饮暴食的行为。虽然受试者都是女性，但专家认为男性也会有同样的表现。

这项实验告诉我们，凌乱的环境会对人的心理造成很大压力，还容易造成肥胖。其实凌乱的环境所带来的弊端不只是这些，它对人居环境的影响也很大。试想一下，如果你家里的环境凌乱不堪，你都不想回家，又怎么能在家中安心健康地生活呢？而在整齐的环境中，居住者的生活感受和工作效率都会更高。

现在很多人会把金钱和精力投入在子女教育上，给孩子报各种学习班、技能班等。但作为父母，更应该给自己孩子上的一堂课是：如何更好地生活。拥有一个温馨、整齐、有序的家，是好生活的基础。居家环境对孩子的影响很大，但是很多父母因忙于工作或者整理的意识不够强，对孩子这方面的教育有所忽视，导致孩子的自理能力、生活能力比较差。

凌乱的环境对一个人乃至一个家庭的负面影响非常大，所以一定要搞清楚凌乱的真正原因，并对症下药，改变居家环境凌乱的状态。

凌乱的原因，一般要从三个维度来分析，即人、空间和物品。你希望居住空间达到怎样的效果？是整齐、舒适、有序，还是根本没有想过？事实上，这个问题你想得越清楚、越具体，越利于你完成整理。而你在使用物品的时候，又希望拥有怎样的便利性？是方便拿取，还是存放简单？毫无疑问，你的目的越清楚越好。

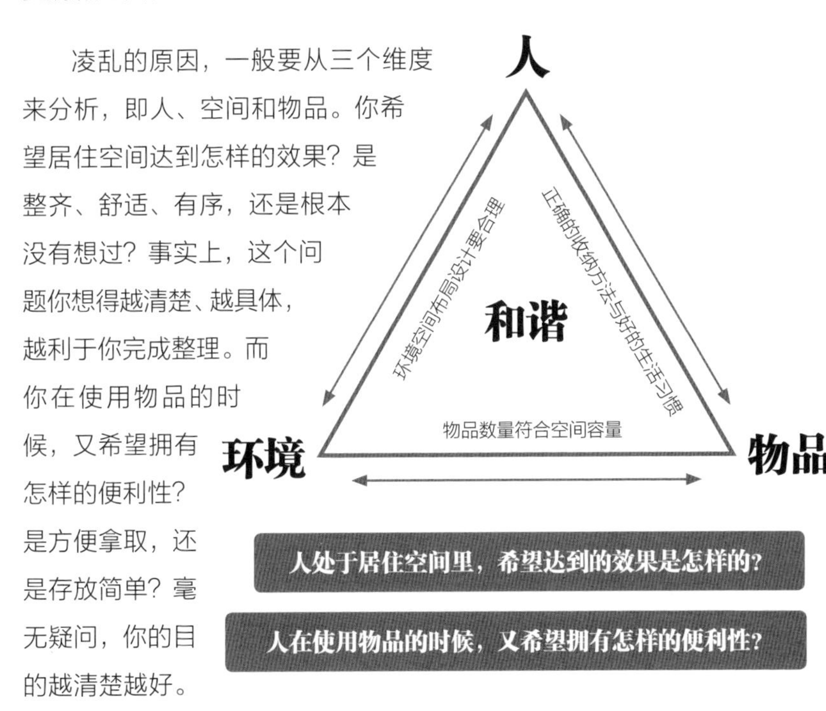

要想达到预设的目标效果，就要让空间和物品相互协调，物品的数量要符合存储空间的容量。

一般而言，居家环境凌乱的具体原因大概有以下几点：

①东西太多，储物空间太少，物品数量超出储物空间的容量。

打个比方，500 毫升的水杯只能装下 500 毫升的水，你继续往里面倒水的结果就是水会溢出来。当空间已经被装满时，再继续往里面塞物品的话，就会导致物品凌乱且不易拿取。请一定要记住，任何空间都有固定的容量，我们要将最重要的物品放在有限的空间里，这样生活才会更有价值和意义。

解决方法

如果居家空间足够的话，可以添置相应容量的收纳柜。如果空间不够，要尽量筛选物品，适量淘汰。

②储物空间的内部格局设计不合理，存放时无法充分利用。

对于这种情况，首先要把准备存放在这个区域的所有物品的数量、类型、尺寸等信息搞清楚，看哪些物品适合集中放在一起。其次要预估每类物品需要多少空间，是否需要隔断等。这时你就会知道柜体中哪些地方是不合理的，然后就可以考虑是改造还是添置收纳工具。一般改造的成本比较高，也不够灵活，并且改造后无法恢复，所以如果不是特别不合理的话，建议添置收纳工具来弥补空间的缺陷。

解决方法

将物品分类，再根据情况考虑是改造还是使用收纳工具。

③使用物品后胡乱存放，没有物归原位。

解决方法

养成良好的整理意识和收纳习惯。

由于整理行业在国内刚起步，日常生活中也没有人会专门学习这项技能，所以很多人的整理意识还不到位，对整理的方法、技巧也不太了解。很多人没有良好的整理习惯，物品用过后随处乱扔，需要的时候又想不起来放在哪里。所以提高整理意识非常重要，要知道整理对于我们的生活来说是一项必不可少的技能，整理是我们每天都需要做的一件事情。你要知道，物归原位的生活习惯是高效的，可以让你收获一个长久整齐有序的环境。想到这些好处，是不是整理起来就有动力了？

④没有采用科学的收纳方法。

解决方法

设计适用于自己生活习惯的布局，找到科学的收纳方法。

这种情况是建立在没有前三种问题的基础上，也就是说，你的物品不多，空间也合适，你也不会随处乱放物品，但空间还是很乱，那肯定就是你的收纳方法有问题了。关于这个问题，我会在后文和大家分享一些收纳、折叠的实操小技能，这里就不做详细讲解了。事实上，在前面三条都没问题的情况下，要想一直保持整齐有序，就要找到科学的收纳方法，设计出一套符合自己生活习惯的存放系统，这样才能保证空间居住五年甚至十年都不会凌乱。

衣橱内的衣服真的适合自己吗？

现代人热爱时尚，喜欢追逐潮流。在不大的衣橱中，衣物常常堆得拥挤不堪。之所以这样，一个重要原因是人们的无节制消费。

很多人会对买二送一、几折促销这样的活动没有抵抗力，包里积攒了很多不同店铺的会员卡，网络购物平台中收藏的店铺更是无数。可以说，他们的关注点更多在于是否划算，而非衣服的品质或者能否与衣橱中已有的衣物相搭配，甚至他们都不在意自己是否喜欢。

还有些人选择衣服不是看它是否得体、好看，而是单纯地追逐潮流，或者模仿名人的穿着打扮。于是，这些人会买很多爆款、当季必入品、店铺热销款，甚至买某个明星的衣着搭配……这种想法好像很简单明了，也顺应潮流，不需要太多思考，然而很多人的衣橱便这样悄悄地困在了时尚消费的圈套里。

于是，很多人的衣橱就成了一个大杂烩，以至于他们不得不花费大量时间和精力去管理那些根本穿不上的衣服。虽然满满一柜子都是衣服，却仍然为穿什么而发愁，甚至为参加一个聚会要花费一个多小时才能勉强找出一套。不要怀疑，这就是很多人的生活常态。

如果你也陷入了这种“买买买”却仍旧找不到喜欢的衣服的恶性循环中，想必会深有感触。思考一下，你衣橱里的衣服真的适合你吗？

在这里，我们可以参考帕累托定律，也就是二八定律。这一定律是指将 80% 的精力投入到 20% 的重要事情上，就可以得到 100% 的效果。这个定律也同样适用于衣橱管理。很多人正是因为将 80% 的精力和空间放在 80% 不常穿的衣物上，才会导致衣橱混乱的结果。要判断衣橱里的衣服是否适合自己，你只需核算常穿衣服的占比即可。**如果占比达到 80%**，那么恭喜你，这说明你的衣橱管理做得非常好；**如果占比为 20% ~ 80%**，说明你需要修改新衣购买原则；**如果占比在 20% 以下**，那么建议你要好好审视一下自己的生活，一定是哪里出了问题。总结起来就是，衣橱的样子其实就是你生活的一种反映。

在衣橱的风格上，我这里提出一些建议：着装不是为了穿给别人看的，而是要让自己舒适、愉悦，穿出品质就是最好的着衣状态。如果你的衣橱里放的都是让你有这种感觉的衣服，相信你绝不会为寻找去某个场合的衣服而发愁。

所以，只要明白这一点，你甚至不用请人指导，因为最懂你的人还是你自己。弄清你真正希望穿出的感觉，找到属于你自己的穿衣风格，不要总是去尝试其他风格。在购买衣物的时候，你要有自己的原则，比如“舒适”“愉悦”“品质”或者“一周至少穿一次”，而不是将就、听别人推荐，或者只是单纯地尝试当季爆款、追逐某个潮流。

衣橱里衣服的状态就是生活的状态，倘若这些衣物都不是你想要的，那说明你并没有搞清楚自己想要的生活是怎样的，所以选择了随波逐流。

学会选择真正适合自己的衣服，才是对自己的生活负责。

打造真正适合日常生活的衣橱

我们总是幻想自己的衣橱里有各式各样的衣服，并且存放得整齐有序，让我们打开衣橱时会感觉非常满足。而理想的衣服，既要实用，又要让我们感觉舒适，因为我们得穿着它们生活。

要实现这样的梦想，我们需要一个功能齐备的衣橱。

假如我们每周只在办公室待两天，那么肯定不需要满柜子都是裁剪精致的西服或职业装，而其他类型的衣服却少得可怜；同样，一年最多去一次海边，那么适合在海边穿的纱裙也无需太多；明明更喜欢舒适的板鞋、运动鞋，却满柜子都不是休闲运动风的衣服，然后还抱怨自己找不到穿的；如果每周只健身一次，甚至连这都只坚持了一个月，却满抽屉都是运动服……想想吧，这样的衣橱和衣服一定是有问题的。

对衣橱我们不仅要考虑衣物拿取方便、存放美观的问题，还要从实用角度出发，让衣橱贴合我们的生活方式。换句话说，就是要契合我们每天或者经常所处的状态。

在时间、精力和空间都有限的情况下，我们需要让衣橱价值最大化，这就要求衣橱里的衣服一定是能够让我们穿出自信又便于处理一天工作的,也就是那些使用频率高又能让自己觉得舒适的衣物。

完美的衣橱就是无论我们当天计划要去做什么，都能够让你快速拿取该场合所需的衣服。毫无疑问，契合我们生活方式的衣橱就是一个理想的衣橱。

在打造真正适合自己日常生活的衣橱之前，我们需要清楚地知道衣橱里衣服的类型是否符合我们现在的生活方式。这里介绍一个辅助分析小方法，分为三个步骤:

①统计一份一个月当中自己外出活动各场合的穿衣套数。比如:

②画一个饼图，表示平均两周时间里每一类活动需要用到该服装的频率。这一步很重要。

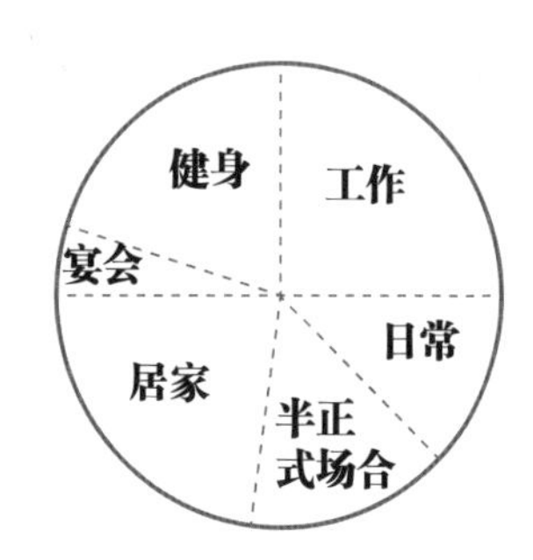

③再画一个饼图，这次是表示我们的衣橱现状，即各类衣服预估的总额占比。然后将两张饼图放在一起对比，看哪一类衣服过少、过多或者刚刚好。

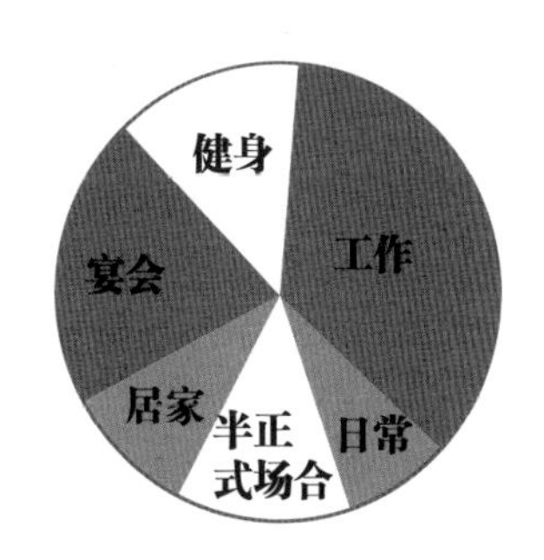

总之，当我们发现自己适合出席各种特殊场合的衣服过多，而常出入场合所需的服装却寥寥无几时，那么应该做的便是重新调整衣物配置。但是，这时候千万别急着立刻缩减衣物数量，因为急速的缩减容易造成短期的内心缺失。对此，后文会提出这类衣物的处理方法。请你记住一点：经常提醒自己不要冲动购物，不要短时间内添置过多非生活所需的衣物，这便是一个好的开始。

打造符合日常生活的衣橱，就是打造真正适合自己的生活方式的开始！

如何维持衣橱清爽舒适的状态

对于很多人来说，衣橱的日常状态都是，虽然不太凌乱，却也毫无美感，而且看上去也不像方便拿取的样子。

整理后，衣橱有条有理
整理前，衣服像洪水一样涌出来

要知道，拥有一个清爽舒适的衣橱不仅能让你的生活更加高效，还会让你的一天从起床开始就拥有一个好心情。想象一下，你起床后准备穿衣打扮去约会，然而打开衣橱的一瞬间，衣服像洪水一样涌出来，是不是有种无从下手的感觉？或许你对这种情况的感觉不够深刻，你可以试想一下，如果你的衣橱多年来一直保持清爽舒适的状态，再让它回到那种混乱的样子，你能体会这种落差吗？

生活中，我们总是羡慕明星“冻龄”般的脸和身材，其实这离不开他们平时的保养。衣橱又何尝不是这样呢？我们总是羡慕网上那些家居图片中的衣橱有多整齐、多清爽，却不想想为什么自己的衣橱会那么凌乱，其实就是因为我们对它不够用心。

试问一下，生活中你会对自己的衣橱花费多少时间？你一般多久整理一次衣橱？每次存放衣物的时候是否会精心收纳？每次拿取衣物的时候是否爱惜它们？你是否定期清洁衣橱？在不断购入的同时，你是否会舍弃一些你不要的衣物？在设计这个衣橱的时候，你是否用心思考过它的结构布局？感觉衣橱设计不合理时，你是否想过改变？感觉使用不方便时，你是否思考过为什么？……

如果你的回答都是“没有”，说明你可能从来没有花过心思思考这些问题，进而意味着你可能并不知道自己真正想要的生活是怎样的，甚至你可能对未来也缺乏计划，总是随波逐流，别人觉得什么是好的，你就觉得那是好的。你是不是觉得这一连串推论过于言重？也许是，不过，一个人如果连保持自己精神面貌的基础都没有，又何谈清楚自己的理想生活状态呢？这就好像，你只单纯羡慕别人“冻龄”的颜值而自怨自艾，却不肯花时间和精力去改变自己，这样你怎么可能有收获？

所以，如果你真的想拥有一个清爽舒适的衣橱，不妨按照以下几个步骤来做：

整理衣橱的步骤

①先给衣橱做“减法”。“减法”这个词我们经常听，能做好的人却很少。我在后面的章节会给大家详细讲解做“减法”的方法，不过这里提前透露一下，所谓的“减法”并不是一味地让你丢弃。你只需做到让物品数量符合空间的容量就好，毕竟对大多数人来说，提倡节俭容易，要做到极致的极简却比较困难。

②给自己的衣橱做个判断。毫无疑问，一个清爽舒适的衣橱需要科学的布局空间。如果空间布局不对，那么单靠整理很难达到预期目标。相关内容会在后文详细展开。

③按照一定的整理方法和折叠储物方法收纳整理。同上，这些方法也可以在后文中找到。

④统一收纳工具。

⑤给每个物品划定区域后，严格按照这个存放系统存放物品，做到用完后就将物品放回原位。

⑥每当换季或感觉空间不够用的时候，就来一次调整或整理。

⑦每次做整理的时候，记得给衣橱做清洁、消毒、杀菌。现代社会，大家都很注重生活品质和身体健康。有一项家庭服务叫“床垫除螨”，其实，除了我们每天都会睡在上面的床垫，每天和我们身体接触超过 8 小时的衣服也应该注意除螨，一个肮脏邋遢的衣橱里的螨虫未必比床垫少。所以，就让健康生活从你的衣橱清洁杀菌开始吧。

做到以上几点，你的衣橱不想整齐舒适都难！

“扔”出来的精致衣橱

- 提高衣橱空间利用率的奥秘
- 从现在起，给衣橱大扫除
- 重新评估你的衣橱
- 杂物代表害怕改变
- 扔掉不用的衣物，才能活在当下
- 精简衣橱是高品质生活的第一步
- 不浪费的物品处理方式

提高衣橱空间利用率的奥秘

很多人经常跟我抱怨：“衣橱不够用”“储物空间不够用”“房子太小”，或者“我需要再定制一个柜子”“我要再买一些家具”“我要换一套大房子”……这时，我会反问一句：“是不是做到这些，你的空间就绝对够用了呢？”很多人都会哑口无言，不再作声。

其实提高空间利用率是有奥秘的，并不是一味地换大柜子或大房子才可以解决。有人可能会说，可以添置收纳工具呀！这的确是一个不错的方法，但事实上，有些人用实际体验给了我们反馈：“我试过，买过好多工具，但效果并不显著。”

我相信你也尝试过很多方法，但仍然感觉空间利用不充分。事实上，如果想提高空间利用率，需要从以下四个方面考虑：

①挂衣区。衣橱主要有三大区域，挂衣区是占比最高的，所以这一区域的收纳非常关键。对于挂衣区，我们首先要做的就是选择超薄且科学的衣架，这能节省40%的空间。挂衣服有很多技巧，比如有纽扣、拉链的衣服一定要把扣子扣上、拉链拉起来，否则会增加衣服之间的间隙，导致空间得不到充分利用。另外，有些衣架有前后方向（垂直于衣架平面）的弧度，挂时一定要朝向一致，否则会造成空间浪费。

②**叠衣区**。事实上，好的衣橱布局设计本身就可以大大提高空间利用率，不过这里不详细说这个问题，后面会有专门讲衣橱布局的内容。叠衣区分为顶层过季区和低层叠衣区，有时顶层过季区的宽度会比低层叠衣区窄一些。顶层过季区可以用来收纳床上用品和过季衣物，最好采用收纳箱和真空收纳袋，这样可以有效提高空间利用率并防止灰尘；低层叠衣区一般建议存放裤子、毛衣、T 恤等，千万不要存放围巾、手套、内衣、内裤、袜子等小物件，另外雪纺面料的衣物也不适合存放在这个区域，因为小物件放在这里会浪费空间，而雪纺面料比较滑，容易造成叠衣凌乱的现象。

③**抽屉区**。这个区域就不要用来放大件衣物了。抽屉区本身的设计就是为了存放小物件的，如果放大件衣物，不仅空间得不到充分利用，还会造成衣物拿取不便和出现褶皱的情况。可以把抽屉分为两种，矮一点的抽屉多用于收纳内衣、内裤、袜子、手套、围巾等，如果是冬天的厚围巾或运动的衣物，则建议存放在深一点的抽屉里，因为这样可以最大化地利用空间。

④减少使用不必要的配件设计。 衣橱有很多配件设计，人们可以根据自己的需要选择适合的配件。但是，很多时候你会发现这些配件在使用上并不那么科学，比如常见的多宝格和裤挂。事实上，多宝格的设计本身就是在浪费空间。比如，四个高为 1 厘米的多宝格，可以占到抽屉空间的三分之一，同样的空间在抽屉里可以放多少双袜子？而且很多格子本身就容易浪费四个角的角落空间。而裤挂这个表面上让我们感觉很时尚、很方便的产品，蒙蔽了很多人的眼睛，只有在用过一段时间后，你才会发现它并不那么合适。所以，如果你的衣橱有上面提到的这些柜体配件，我建议你在条件允许的情况下改造空间。

做到以上这四点，你的空间利用率至少会提高 50%。所以，朋友们，行动起来吧！衣橱的空间利用率就好比生活的精力，要想拥有更多的时间做更多有意义的事情，你就需要提高时间的利用效率。

从现在起，给衣橱大扫除

家是我们停留时间最长的场所，所以营造一个健康安全的环境尤为重要。衣橱内的衣物是跟我们身体接触时间最长的物品，所以衣橱就是衣物的“家”。给衣物一个干净安全的环境，对我们的健康非常重要。

在《世界卫生报告》列出的 102 类儿童疾病和伤害中，环境因素引起的有 85 类，其中室内外空气污染、二手烟雾、不安全的水和环境卫生等环境风险每年会夺走 170 万 5 岁以下儿童的生命，事实上很多悲剧是可以通过清理环境避免的。相比于儿童，成人呼吸比较慢，吸入的不健康气体没有儿童多，但是长期住在灰尘满地、螨虫数量庞大、霉菌滋生的地方，对居住者的健康来说也是非常不利的。

环境监测结果表明，空气污染指数取决于飘尘有多少，也就是我们常听到的“可吸入颗粒物”，通常指直径小于 10 微米的颗粒物。直径小于 2.5 微米的微尘则能透过人的肺泡、毛细血管壁进入血液，而其表面常聚集各种有毒物质和重金属元素，这些物质不少有致癌作用。有报道显示，经常在灰尘较多环境中的人，因吸入的灰尘比别人多而导致患矽肺病（肺病的一种，也叫尘肺病）的概率更高。

大家经常做柜体表面的卫生，却很少有人定期做柜体内的卫生，这是不对的。我们要定期清理柜内的纤维、灰尘，还要做好除螨工作。有些人的衣橱常年潮湿，滋生出了霉菌，这个问题也需要注意。有数据统计显示，导致过敏性疾病的重要原因就是生物性颗粒物，其中包括尘螨、动物皮毛尘、真菌等。这些生物主要存活于灰尘中，1 克灰尘甚至可附着上百只螨虫。所以为了自己和家人的健康，请一定要彻底、认真地给衣橱做清洁。

那么如何给衣橱做有效的清洁呢?

①**建议衣橱一年做 4 次清洁，这样可以有效减少灰尘，同时也方便我们查看衣橱是否有霉菌滋生的现象，以便及时处理**。清洁时，可以先用一个半湿的帕子把灰尘擦掉，然后喷上除菌剂，再用新的湿帕子擦拭，最后用一张干净的干帕子擦拭，防止帕子间交叉污染。

②**穿过的衣物一定不要放进衣橱与干净的衣物混在一起，否则容易将外界的细菌带进衣橱**。建议家里备一台家庭除螨机，每次清洁之后用除螨机再清理一下，把吸附的灰尘和螨虫清理掉。这道清洁程序一年做 2 ~ 4 次比较合适。

③**如果衣橱离厕所较近，或者房屋本身在一、二楼，由于衣橱所处环境比较潮湿，可以多放一些防潮剂**。要记住定期更换，否则防潮剂液化后更易滋生细菌。若是衣橱在非常潮湿的地方，建议定期清理的时候用加热吹风机干燥衣橱，还有一定要勤开窗，多通风。如果衣物、棉被特别多的话，一定要一年至少拿出来一次晒晒太阳，特别是棉被。只要做好这几点，衣橱一般不会出现霉菌。

如果衣橱出现发霉现象，要将长霉的地方清理干净，可以用纸巾擦干净，或者用干刷子刷掉霉菌。若刷不干净，再用湿布大力擦拭，这样就可以将霉斑除掉了。除了将霉菌擦干净之外，还需要在上面刷一遍清漆，从而有效防止霉菌再生。如果发霉较多是油漆问题导致的，那么可以在涂抹凡士林后，再用干净的布擦拭。

健康生活，从清理衣橱开始。

重新评估你的衣橱

很多时候我们都觉得自己的衣橱"还好"，事实上这个"还好"多属于以下四类：

凌乱不堪型	表现	衣橱凌乱不堪，除了柜子里，窗台、沙发甚至地上都是衣物，也不敢邀约朋友参观衣橱，还经常找不到想要穿的衣服。但是对以上这些现象已经习惯了，甚至以为别人都和他们一样，所以觉得自己这样再正常不过。
	解决方法	这种类型的主要问题不在于衣橱本身，而在于使用衣橱的人。当你认定一个衣橱的常态是怎样的，那它绝对不会比这个状态更好。所以这类人要想改变衣橱的现状，首先要改变自己的观念。只有明白什么样的衣橱才是应有的状态，他们的衣橱才能得到相应改变。
无效整理型	表现	这类人可能看过很多整理书籍或视频，买过很多收纳工具，经常花一些时间做整理，可是没多久衣橱又乱了。
	解决方法	对于无效整理型的人，不管你看多少书、视频或者买多少收纳工具，请在做这些事情之前找出你衣橱凌乱的真正原因，然后再根据情况对症下药。头痛医头、脚痛医脚的方法并不能解决根本问题，要深层次挖掘问题的根源。与其照搬书里或视频里的方法，套用别人那些肯定不会和你完全一样的生活习惯，不如学习这些方法的思路，而不是完全一致的步骤。

类型	项目	内容
得过且过型	表现	曾经整齐过，就是在刚搬进新居的时候。慢慢地随着人口增加，加上不停地“买买买”，又不能合理地“扔扔扔”，导致东西越来越多。这类人不太会控制自己的购买欲，也不会控制物品数量，觉得衣服不够穿就买，柜子不够用也买，房子太小就换。他们以为购买可以解决储存问题，其实是在不断制造新问题，然后陷入这种恶性循环中，最后只好得过且过。
	解决方法	得过且过型的人需要做的是：当空间不够用的时候，不要第一时间想到买柜子、换房子等治标不治本的方法，而要学会合理控制物品的数量，做到有进有出，这样才能根治东西越来越多、空间越来越不够用的问题。
清楚需求型	表现	也许是极简主义者，有的人衣橱里挂着寥寥无几的衣物，但都是自己最喜欢的；也有的人衣橱八分满，可一点也不影响他寻找衣物的速度。常穿的、不常穿的、过季的、当季的、居家的、外出的……他们总能在需要的时候快速清晰地找出自己想要的衣物。
	解决方法	如果你是第四种类型，那么你可以根据需要跳跃式地阅读本书，因为你非常清楚自己的需求。你知道自己需要怎样的衣橱，达到怎样的生活状态，想要一个怎样的家，这是你通往整齐有序、高效生活的基石。

要想拥有一个整齐有序的衣橱，一定要先正视它存在的问题，客观评价它的状态类型，然后对症下药，才能收获一个满意的衣橱。

杂物代表害怕改变

世界上没有什么是稳定而永久不变的，但人们内心向往稳定，害怕改变。一旦外界环境发生改变，人们便会产生不安的情绪。所以我们愿意抓住任何能带来稳定感的东西，即使它们掩盖了真正的快乐。

我们可能拥有很多东西，但如果它们被放在很难拿取甚至看不到的地方，天长日久，这些物品就会失去价值，最后变成杂物。然而很多人不愿意丢弃这些物品，因为仍对它们有着强烈的执念。这是一件坏事，因为这些执念不会为我们提供任何服务，我们却一直抵制改变，捍卫某种生活状态，并继续在身边保留这些执念的证据——那些杂物。

我曾经遇到过一位客户，她从白手起家奋斗到社会精英，家里也从一个衣橱变成很多个衣帽间，衣橱里从少量的衣服变成数不清的衣服，甚至她每天穿两套不同服装，衣橱里的衣服一个月也穿不完。可她从未丢弃过一件衣服，她穿不了或不喜欢的衣服会送给自己的家人，但不允许他们丢弃，因为她不允许浪费。直到后来我才知道她奋斗时的不易：每天都不能按时吃饭，经常为了节省时间而吃泡面，还常常

熬夜导致睡眠不足。虽说现在条件好了很多，可是她害怕改变自己以前节俭的好习惯，怕一旦改变就会失去眼前的一切。害怕改变这件事本质上是没有认清自己生活的目的，很多时候我们忙得忘记了思考，更别提为了真正想要的生活而有意识地让自己改变了。

很多人在丢弃物品的时候总是担心未来可能会用到，比如这件衣服虽然现在穿不了，但减肥后明年就能穿了。然而，你确定减肥后不会买新的衣服吗？你真的还会再穿它吗？如果你只是想留着这件根本穿不进去的衣物作为对自己减肥的提醒，那么我要告诉你，这种内疚对减肥没有任何作用，只是一种拖延。

我们的思维总是集中在以前或者未来，却忽视了要好好活在当下这一点。所以要改变思路，让自己活得快乐有意义，为自己而活，而不是为别人、为物品。

扔掉不用的衣物，才能活在当下

我见过很多人家里的衣橱和衣帽间，状态堪称一团糟。有些衣帽间甚至让人无法立足，连主人都说不清自己有多少衣服。有的人则把衣服扔得地上、沙发上、床上、化妆台上到处都是，还有人甚至直接和衣服睡在一起。每次我们为这些客户整理衣橱时，清理出来的衣服都多得快堆到天花板了，而他们几乎都会惊呼：“我怎么有这么多衣服？！”

而接下来的衣物取舍往往是每次整理过程中耗费时间最长的一个环节。很多人总是因为各种原因而纠结，比如：

“虽然不常穿，但是丢了很可惜。”

“这是当年某某送给我的礼物。”

“虽然现在不穿，但是以后会穿的。”

“觉得好看就买了，但是一直找不到搭配的衣服。”

“朋友说我穿着好看，但是自己并不喜欢。”

“最近在减肥，等瘦下来再穿。”

……

这时候，我就会问他们：

“你上次穿这件衣服时，离现在有多久了呢？”
“你以后真的一定会穿这件衣服吗？”
“如果让你经常穿它，你会很高兴吗？”
“你的衣橱里面有适合搭配它的衣服吗？”
“你现在找到搭配它的衣服了吗？”
“既然不适合你，那你还会穿吗？”
“这件衣服你穿着是否会觉得非常舒适、自信呢？”
“如果现在再让你选择，你还会买这件衣服吗？”

也许你会回答：**“先放着吧，以后再说。”**

但是我要告诉你，如果一件衣服并不会给你带来舒适、自信或者有价值的感觉，那么这件衣服你永远都不会穿，无论放多久。

我见过很多家里凌乱不堪而主人却无动于衷的情形，他们总是会说：

“反正都要搬家了，等我们搬过去就好了。”
“每次整理，他们还是会弄乱，白忙活。”
“都住了这么多年了，以前都能过，以后还是能过下去的。”
“虽然经常找不到，但是还有其他解决方法，勉强过得下去。”
……

如果对待整理能有谈恋爱时不将就的态度，我相信上面的话你一定不会说出口。

你觉得买了更大的房子，只要搬过去就好了；或者等新买的柜子、箱子到了就好了。可那都是以后，你却没有想过当下要做什么，而且你能保证以后真的会更好吗？人的天性是懒惰的，我们总是给自己找借口来逃避当下。

你每次的整理可能都会被别人弄乱，但你的整理是真正彻底的吗？如果真是彻底的整理，你是否给家人制订了物品拿取的规则呢？

生活中，最怕的就是得过且过的人，他们从来没有想过改变和前进。如果你的衣橱凌乱不堪却不想改变现状，而是得过且过，那么我想你是时候该好好审视一下自己的生活、工作了，你不能就这样一直将就或逃避下去。

动手整理你的衣橱，什么时候都不晚；就像你的人生需要前进，什么时候都不晚。

精简衣橱是高品质生活的第一步

如果说衣服是你的外在形象，那么衣橱就是你的内在形象，是你衣着品位的反映。我们需要精简衣橱，提高品位，让自己每一天都自信满满。因此，我们要花时间学习如何打造一个高品质的衣橱，弄清哪些衣服是我们真正喜欢并且也适合自己的，哪些衣服可以让我们展露魅力。

那么，打造高品质衣橱的方法就是学会精简，具体来说有以下三个方面:

①只选择最满意、最喜欢的衣服。

训练自己变得更挑剔，这是让衣橱升级最有效的途径。试着把衣橱想象成家，只有你最爱的人，才有资格与你组成家庭并留下来。所以，让那些不合身、破旧不堪、穿着不舒适的衣服都离开你的衣橱吧。

②要高品质而不是高数量。

如果你的衣橱乱糟糟且拥挤不堪，那么衣服起球、清洗几次接缝处就会被扯开、聚酯纤维一扯就坏等令人烦恼的现象会越来越多。你以为自己很节约，因为很多衣服并不贵，可算下来，整个衣橱的衣服开销也不少，若是把让你感觉不舒适的衣服都清出来，这些不必要的消费加一起还不如你买一些高品质的衣服来得划算。一样的总价，数量与质量往往成反比，因此你有必要尝试用三件低质量衣服的钱去买一件高品质的衣服。

另外，如果你的衣服多数质量比较低的话，那么你多半不会在意它们的保养和存放，觉得即便被压得皱巴巴或者因为放置太久而发黄发霉也没什么大不了。事实上，这些衣服于我们而言已经没有什么价值了，不是因为它有多便宜，而是因为它们的存在让衣橱显得凌乱而拥挤。

③确定你的风格。

由于工作原因，我经常接触别人的衣橱，发现一个非常有趣的现象：年龄越大，衣橱类型、衣服款式越趋于固定。所以大概可以得出这样一个结论：人的年龄越大，越清楚自己真正的需求。

其实思考一下就可以理解，年轻的时候我们什么都想拥有，慢慢地有了很多经历，才会发现自己真正需要的是什么。

衣橱也是一样，每个人都有一个风格形成的过程。开始是探索期，这时候各种风格你都想尝试一下，衣橱也会显得杂乱不堪；接下来是瓶颈期，这个时期你的衣服不会有太多风格，只有那么几种，但有时你会感觉矛盾，因为你发现有些衣服自己好像并不喜欢，甚至你只是在将就着穿；最后是稳定期，经过瓶颈期的思考，慢慢地你找到了比较适合自己的风格，因此你的衣橱便会趋于协调、统一。如果想真正地精简衣橱，就要让自己的风格提前进入稳定期，这样你衣橱的精简效果一定超级棒。

以上是精简衣橱的方法。要想精简衣橱，除了用对方法以外，还需要做到以下三个方面：

①一次性彻底清理。

我经常听到有人说："我也经常整理，但就是整理不好；我也经常极简，可东西还是那么多。"沟通之后我才得知，原来他们的整理做得根本不够彻底。有的人整理时感觉累了就索性停下来，打算下次再做，等到下次整理时才意识到上次做到哪里已经忘了。这种缺乏计划的混乱式整理当然无法获得好的效果。所以有条件的话，一定要做一次彻底的精简，哪怕这会花费你一整天的休息时间。

②预设清理后的目标。

如果你想拥有美好的人生，就要明确你的人生目标，你规划得越清楚，越利于实现这个目标。精简衣橱也是一样，很多人的整理总是达不到满意的效果，一个重要原因就是缺乏明确的目标，不清楚衣橱要整理成什么样，所以很容易因为劳累、困难、耗时、麻烦等一系列理由而放弃。另外，因为没有明确目标，所以整理时根本没有清晰的思路，觉得这样也好，那样也不错，最后就只能将就。所以精简衣橱时，一定要预设精简目标，比如明确把衣服总数精简到多少件，或者就像前面提过的，把理想衣橱的照片打印并贴出来，对着照片来整理，就知道离你的目标还有多远了。

③只以当下为原则。

在前面的精简方法中，我提出要保留最喜欢、最有品质的衣服，但这两点有一个重要的前提条件：必须是当下能穿的。有些衣服即使你很喜欢，但是现在根本穿不了，也许你减肥后可以穿，可是你能确定到时候还喜欢这件衣服吗？这个样式到那时还流行吗？这都是未知数。如果你觉得某件衣服很有品质，但是不穿它，那么就把它作为纪念品来存放，而不应放在收纳日常衣服的衣橱中。曾经已经过去，未来遥不可及，只有当下才是最值得我们珍惜的。人的时间和精力都是有限的，请务必用在真正值得的事情上。衣橱的空间也非常有限，只为我们当下最心爱的物品敞开怀抱，只为最能展现你风采的衣服而服务。

衣橱需要我们去精简，如果学不会精简，那么你永远无法整理出一个高品质的衣橱。这就像人生需要我们清楚自己真正想要的是什么一样，如果你不清楚目标，那么你连方向都找不到，就更别提拥有前进的动力了。

不浪费的物品处理方式

家的空间有限，从最开始的一个人居住，到后来的两口之家，再到三口甚至四口之家，每个人都会有属于自己的物品，这个有限的空间里的东西一定会越来越多。

很多人解决凌乱问题的方法还停留在丢弃。不错，扔的确是当下很多极简者的办法，但并非所有人都能做到极致。特别是扔掉全新或者还能继续使用的物品时所产生的愧疚感，很大程度上阻碍了物品的处理进度，这让大多数人陷入了物品越多越乱的循环中。事实上很多人对扔的理解不到位，在彻底扔掉后总会有一种缺失感，然后又去疯狂购物，最后很多人选择放弃这条道路，与一堆闲置物品相伴终老。

作为中国人，节俭是我们的传统美德，因此疯狂地扔在很多人看来是“败家”的行为，特别是上了年纪的人，有时你前脚扔，他后脚就把物品捡回来。在这里，我给大家提出一个小小的建议：当我们对丢弃某些物品犹豫不决的时候，不妨将它们装在一个收纳箱里，赋予它们一个“保质期”。

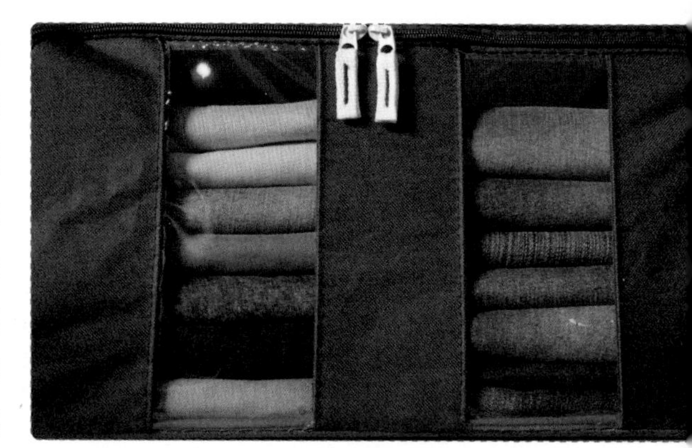

我们知道，食物都是有保质期的，到了保质期还没有吃完或没有及时开封的，我们就会丢弃它。实际上我们的衣服、鞋袜甚至房子等也都是有保质期的，只是这个保

质期会根据不同人的耗损或喜欢程度来决定。针对刚才所说的那类物品，我们可以赋予它一个合适的保质期，等到了期限如果仍然没有用到的话，那么就毫不犹豫地丢弃它。不过要记得给自己一个丢弃物品前后的过渡期和适应期，减少丢弃后的缺失感和愧疚感。

此外，我们还需要知道怎样处理丢弃的物品，比如为闲置物品找到合适的去处，既环保又能让物品继续发挥功用。这里给大家推荐几个方法：

旧物的处理方法

①**在各类二手平台出售**。不需要的物品可以放在二手平台上，如闲鱼、转转等，等待有需要的人接手。如果嫌卖东西麻烦，可以选择赠送物品的平台，把闲置物品免费赠送给有需要的人。

②**微信公众号回收**。微信公众号旧衣回收的平台比较多，其中有些平台提供的服务比较好，比如只要满 5 千克就可以免费上门回收，这些平台在全国大多数城市都可以预约。

③**旧衣回收箱**。目前有部分企业或慈善组织在小区里设立旧衣回收箱，用于捐赠或再加工。

④**门店回收**。比如海恩斯莫里斯（H&M）有门店回收和快递回收两种方式，捐赠一袋旧衣，就能获得一张八五折优惠券，不过重量需要达到 10 千克，且每月限 100 个名额。

最后，希望大家在丢弃物品时记得感恩，谢谢它们曾经给予我们的帮助。想想现在的舍弃是为了将它们送给更需要的人，我们的内心会得到更多安慰。

板材
过季衣物
格局
配件

提高衣橱空间利用率的秘诀

- 了解各类衣橱板材
- 衣橱功能区和配件的选择注意事项
- 如何判断衣橱内部格局是否科学
- 叠衣区的收纳注意事项
- 可以多挂一半衣服的妙招
- 抽屉收纳如何做到分区明确
- 过季衣物收纳绝招
- 不合理衣橱的改造方法
- 不同人群设计衣橱的注意事项
- 收纳工具的使用“密码”

了解各类衣橱板材

衣橱是家庭生活的必需品。有些人在购买衣橱的时候往往只看重外观，等安装后，在长期的使用过程中才发现衣橱会有板材变弯、不稳固以及承重效果不好、防潮效果不好等问题，还有些不合格的板材会释放超标的甲醛，引起严重后果。所以衣橱的材质选择非常重要。

不过定制衣橱在中国兴起的时间并不长，很多人对板材选择和布局设计不太了解，很多时候觉得价格贵的就是好的，或者广告推荐的就是好的，但事实并非如此。我们应该学会一些最基础的衣橱板材和结构知识，以方便作出适合自己的选择。

在了解衣橱板材之前，需要先熟悉衣橱的结构。市面上有很多种衣橱，如布衣橱、定制衣橱、成品衣橱、伸缩组合衣橱等。总结起来可分为两大类型：

一是框架结构的衣橱。框架结构是指衣橱主要由面板和侧板组成，较为常见的是布衣橱和伸缩组合衣橱等。这种衣橱的硬度相对较强，非常稳固，不易变形，且灵活性也很强，可以自由组合，调整挂衣区高矮及数量。但它美观度一般，如果没有单独加柜门或者帘布的话，比较容易落灰尘，清洁频率要高一些。目前这种衣橱在国内并不为大众所熟知，不过现在很多精装房都是用这种结构的定制衣橱。

二是板式结构的衣橱。这种衣橱目前在国内较为常见，主要有成品衣橱和定制衣橱两种。成品衣橱高度一般为 1.8 ~ 2 米，款式多样，即买即装，需要迁移时可以拆解移动，灵活性比较强；缺点是尺寸固定，不一定符合每个人的生活习惯，而且市面上多数柜体布局不合理。定制衣橱高度一般为 2.2 ~ 2.6 米，量身定制，内部结构多样，如果设计得好，实用性非常强；缺点是价格比较昂贵，如果不了解自己的真正需求，或者没有跟设计师沟通清楚，不一定就能设计出真正适合自己的衣橱内部格局。总之，板式结构的衣橱相比框架结构的衣橱更美观一些，配件选择也很多，但如果板材选择不当的话会容易变形，而且还有一个弊端就是灵活性比较差，不可调节。

所以，大家可以根据需求选择适合自己的衣橱。一般来讲，如果穿衣风格不确定，或者住宅高度比较高，可以考虑使用框架结构的衣橱，根据不同时期的需求调整内部格局。如果对衣橱美观度要求比较高，或者穿衣风格比较固定，可以考虑选择板式结构的衣橱。

衣橱除了结构很重要之外，板材的选择也不可忽视。目前市面上常用的板材有刨花板、密度板、禾香板、生态板、防潮板、实木板等。

①**刨花板又名颗粒板，是由碎木屑压制而成的板材，一般是中间长质木纤维、两边细密木纤维**。这种板材膨胀率小、稳定性强，但是板材之间有很大的缝隙，封边处容易脱落。总体而言性价比较高。

②**密度板是将木材打碎，保持原有的纤维，再经高温压制成型的板材**。表面平整度好，稳定性好，握钉力强，易于铣型。一般衣橱用这种板材的较多，特别是环保级的板材甲醛释放量更小，承重性和稳定性也非常强，是不错的选择。

③**禾香板是以农作物秸秆碎料为主要原料，施加 MDI 胶及功能性添加剂等，经高温高压制作而成的板材**。表面平整光滑，结构均匀对称，板面坚实，强度较高，稳定性、阻燃性和耐候性较好，具有优良的加工性能和表面装饰性能，而且环保，但是握钉力不强，长久使用后容易松动，所以多用于门板。

④**生态板就是我们常听说的多层板，这种板材是将不同颜色或纹理的纸放入生态板树脂胶黏剂中浸泡，然后待其干燥到一定固化程度，再将其铺装在其他板材上，经热压而成的装饰板**。这种板材比较美观，款式选择也比较多，又称为“低甲醛板材”，但因为做工复杂、成本较高，所以价格相对也较贵。

⑤**防潮板就是在板材内加入防潮剂，一般很少用于衣橱，多用于厨房**。如果你家的衣橱离卫生间比较近，或者环境比较潮湿，那就可以考虑选择这种板材。

⑥**实木板，分为全实木板和多层实木板**。实木板材是衣橱最佳的选择，唯一的缺点就是成本较高，多层实木板则相对便宜一些。

衣橱板材的类别大概就是这些，要想衣橱能够长久地使用下去，对板材和结构的选择一定要慎重。

衣橱功能区和配件的选择注意事项

衣橱作为家庭收纳中非常重要的家具，它的便利程度直接影响卧室的整洁度。我们在设计和选择衣橱时，不仅要考虑外表是否美观，还要考虑配件如何选择，因为这将决定衣橱未来能否满足我们生活的不同需要。一个好的衣橱应该同时满足主人的生活习惯和物品的使用需求，也只有如此才能真正做到量身选择。

在讲解衣橱内的配件之前，先来说一下**衣橱的柜门选择**。

一般衣橱的柜门分为平开门、推拉式门，此外还有一种开放式衣橱，是没有柜门的。小户型用户可以考虑选择推拉门的衣橱，因为比较节省地方；大户型或者对衣橱整体美观度要求比较高的话，建议选择平开门，因为带平开门的柜体层次感会更强；开放式的衣橱也比较节省空间，但是从长期的清洁和衣物的保养角度来说，这种衣橱里的衣物特别容易落灰，有些衣物的配件会加速氧化，一般来说不太推荐，不过衣帽间中多是这种形式的衣橱。

现在来详细解说衣橱里的配件及功能区。

首先是**挂衣杆**。

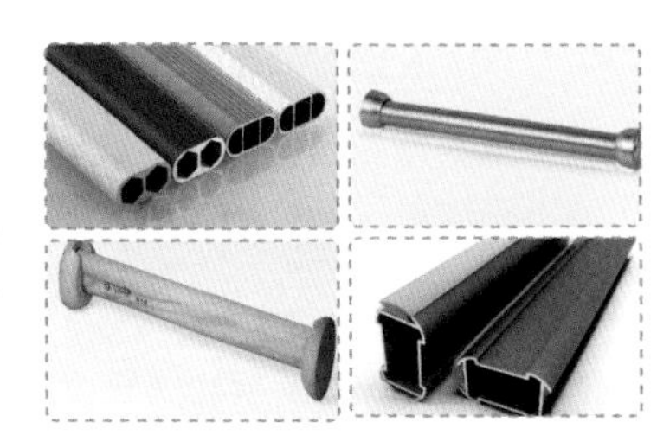

很多家庭的衣橱使用久了以后会发现挂衣杆变弯，或者因承重差而变形掉落，还有一些挂衣杆又粗又长，使用某些衣架的时候挂取不便。所以在选择挂衣杆上有以下几条重要原则：

①要选择扁形多孔的。

②要选择不锈钢材质的。

③要选择带有法兰盖的挂杆托。

当然，如果想晚上打开衣橱也能看清衣服的话，还可以在挂衣杆上加灯带。

其次是**叠衣区**。

衣橱的叠衣区是存放裤子或T恤的黄金区，所以这个区域的选择必须慎重，好的叠衣区能让衣橱使用更方便、拿取更顺畅，不合理的叠衣区只会造成更多的空间浪费。由于每个人的穿衣风格都是不同的，所以叠衣区可以根据个人需求选择占比面积。另外要记住，叠衣区一定要选择活动板，如果我们某个时期穿衣风格发生变化，可以通过调整活动板去做适合自己当下需求的改进。

再次是**抽屉区**。

抽屉的选择比较多，有多宝格抽屉、裤挂抽屉以及常见的无隔断的抽屉等。生活中，很多人不清楚自己的需求是什么，把设计全权交给设计师处理。设计师并不了解你真正的需要，只能认为你“需要这个”，然后给你的衣橱配上多宝格抽屉和裤挂抽屉等。其实我并不推荐有隔断的抽屉，因为这种抽屉应对穿衣风格变化的灵活性太差了，而裤挂抽屉是一个中看不中用的配件，很多人在使用的过程中极大地浪费了这部分空间。抽屉越简单越利于我们按需求变化调整。一般来讲，一个衣橱需要至少 3 个抽屉，超出 3 米的衣橱，建议每延米搭配一个抽屉，以满足我们的日常所需。对于小物件特别多的人来说则另当别论了。

最后是**其他配件**。

除了挂衣杆，衣橱还有很多其他配件，比如类似于穿衣镜这样对爱美人士比较友好的单品，而像承重收纳门、拉篮、活动L架、化妆抽屉、配饰柜等偏向于个性化的定制，一般适用于物品较少、类别较多的用户，如果物品比较多或者空间比较小的话，不太建议选择这类配件。要知道，越个性化的东西越不适合大多数人。当然，如果你的物品少而精、对收纳要求又比较高，那么选择成品的收纳架还是不错的。

如何判断衣橱内部格局是否科学

你是否有过这样的体验：经常感觉自己的衣橱不够用，买了好多收纳工具，却还是整理不好，自己也花费了不少时间去整理，但是过不了多久又乱了。造成这种结果的原因是衣橱柜体内部的结构设计不够科学。那么，如何判断衣橱内部结构是否科学呢？

这需要我们知道一个科学的衣橱是什么样的，还要清楚自己真正的需求。

有些找我们做柜体改造的客户会这样说：“明明设计师刚设计出来的时候感觉挺好用的，为什么现在觉得不合适了呢？”这是因为，设计师在设计之前并没有对你的穿衣风格和习惯、爱好等做一番认真的调查研究，他可能按照固有思维或所谓的标准设计方式给你做了一款所谓的“定制设计”。

真正的定制设计要基于对自己的了解，如果你或你的设计师连你经常穿什么样的衣服，裤子、T 恤大概需要多少容量，小物件多不多，大概需要多少抽屉等问题都不了解，那么这个“定制设计”绝对无法真正满足你的需要。所以你要掌握情况，因为只有在你清楚自己物品的种类、数量、尺寸之后再去定制，才算得上是人性化的设计。一千个人有一千种生活方式，**每个人的需求都不一样，能做到因人而异的才是真正的好设计**。

那么如何设计好一个定制衣橱呢？首先，做一次基础的整理，清理出不要的衣物，只留下有用的衣物。其次，将有用的衣物分类，看需要挂的长款、短款分别有多少，把明确数值记下来；将裤子、T 恤单独分出来，也记录数量；对于小物件，可以估算一下内衣、厚围巾、丝巾、袜子等大致需要多少个抽屉才能装得下。

这里给大家准备了一份数据统计表：

衣物情况统计表			
类别	衣物数量（件）	所需空间尺寸（厘米）	所需空间数量（个）
长款外套		净高 120 ~ 150	
短款外套		净高 90	
毛衣卫衣		净高 90	
衬衣纱衣		净高 90	
连衣裙		净高 120 ~ 150	
半裙		净高≥ 50	
内衣		净高 15 ~ 20	
围巾		净高 20	
袜子		净高 15 ~ 20	
配饰		净高 15 ~ 20	
首饰		净高 10	
顶层被褥区物品		高 50 宽 60 ~ 90	
裤子 T 恤		高 30 宽 45 ~ 48	

一般来说，衣橱内长短挂衣区空间比例设置为 1 ∶ 3，基本可以满足大多数家庭的需要，如果爱美的你经常穿连衣裙或长款外套，可以把此比例调整为 1 ∶ 2。叠衣区的宽度可以设置为 45 ~ 48 厘米，这取决于使用者的身材（后文有详细介绍），同时层板一定要做成活动板，便于后期调整。如果你不怎么穿裤子，基本用不上叠衣区的话，可以考虑把层板拆掉，将此处改为挂衣区。

抽屉设置方面，如果你有很多首饰却没地方放，可以考虑在衣橱内设计一个高 10 厘米的首饰柜，其他抽屉的高度可参考表格里的数据。值得一提的是，如果你的抽屉高度都是不一样的，这种情况比较适合用推拉门，因为平开门对衣橱的外观协调度要求比较高。

做好上面这些步骤后，有一个计算方法可以推算你的衣橱布局是否合理，即“六三一定律”。

六三一定律	
衣橱区域	衣橱空间占比
挂衣区	≥ 60%
叠衣区	10% ~ 30%
抽屉区	≤ 10%

也许有人会反驳说，衣橱就应该全部是挂衣区。然而一个合理的衣橱并不能这样设计，一定要留一部分叠衣区，但是可以根据个人需求来增加或减少。如果一个衣橱全部是挂衣区，从长远来看，它的承重结构不如带叠衣区的衣橱效果好。

叠衣区的收纳注意事项

很多家庭会花费大量时间在叠衣服和寻找衣服上，感觉叠衣区总是凌乱不堪，甚至好像永远都整理不好。或许你在整理的时候还会出现这样的情况：放一叠衣服，旁边会空一块，两叠衣服又放不下；有的层高特别高，放满之后拿取衣服特别不方便，不放满又感觉浪费很多空间。

事实上，要想让叠衣区保持整齐，需要做到以下四点：

①科学的布局设计。

衣橱的布局在选购时就已经决定了，所以初次选购是非常重要的，要选择布局科学的衣橱，特别要注意叠衣区，如果布局不合理，会给后期整理带来很大麻烦。但如果已经购买了，后期要怎么改善呢？这就要用收纳工具来弥补了。比如，想充分利用上层空间的话，可以选择伸缩分隔板，或者添置抽屉收纳盒；如果宽度不合适，不能充分利用空间，那么就在折叠衣物时控制宽度，或者存放宽度适合的衣物。当然，还有另外一种方式，就是通过改造去弥补缺陷，相关内容在后文会详细讲解。

②将叠衣区的物品进行科学分类。

分类越不清楚、不固定，找东西越困难。比较典型的就是在同一区域存放多种类型的物品，而同类物品却被分散到多个区域。出现这种情况，如果不进行彻底分类，那么只会陷入不断整理又不断混乱的循环中。叠衣区最忌讳的就是在同一区域存放三种以上类型的衣物，由此我建议叠衣区衣物一定要分类明确，两种或一种存放在同一区域是最佳的。

③采用科学的折叠收纳方法。

很多人将衣服叠成跟叠衣区深度一样的长度来存放，觉得这样叠可以多放很多衣服。可是整理不只是为了多放东西，还要考虑拿取是否方便。一件衣物叠得越松散，理论上它的高度就越低，自然可以多放几件；但同时，衣物叠得越松散，拿的时候越不好拿，越容易散乱。一般来讲，叠衣区的衣物折叠长度在 45 厘米左右是最好的。这个尺寸下，除去衣橱的背板和前面空余的几厘米之外，并不会浪费多少空间。而此长度刚好接近前臂加手掌的长度，在拿取衣服的时候，右手伸到想要拿取的衣物上，把上面的衣物抬起来，然后左手就可以拿取你想要的那件衣物了。这样存放不仅方便拿取，还可以最大化利用空间。

④保证折叠好的衣物是平整的。

衣橱的空间都是平行的，这意味着我们折叠的衣物必须是平整的才能放得更多。所以我们在折叠衣物的时候一定要考虑衣物折叠的平整度，因为平整的衣物不仅可以减少褶皱，而且在存放的时候也非常美观，可以一目了然，更重要的是不会浪费空间。具体的折叠方法将在后文给大家详细讲解。

可以多挂一半衣服的妙招

面对衣橱，我们有时几乎崩溃，不仅是因为衣服太多，更是因为空间不够用或者只装几件就满了。比如，夏天衣服换洗频率高，T恤、短裤、吊带裙、背心、短裙等衣物的数量就很多，而衣橱虽然看着大，但挂不下几件就满，这是最令女性烦恼的事情。但事实上，并不是衣橱不够大，而是我们没有充分利用好空间，特别是挂衣区的空间。

很多衣橱挂衣区的占比是最高的，并且位于人体工程学的黄金区，也就是我们最容易拿取物品的区域。所以大家都希望衣橱能够多挂一些衣服，然而经常出现的情况却是挂不了几件衣橱就满了。经过我们的专业整理，有些客户会惊讶地问："为什么你们可以挂这么多衣服？"其实看看对比图片，聪明的你应该就能找到问题所在了。

错误工具：悬挂15件

用不同衣架挂衣服，衣服纽扣没扣上，排列参差不齐

正确工具：悬挂25～35件

统一衣架，统一方向，纽扣扣上

想提高挂衣区利用率，只需要做到以下五点就好：

①统一衣架。

也许你现在的衣橱挂着各式各样的衣架，本意是为了改变悬挂率低的现状，可是却发现还是挂不了多少衣服。你甚至还买了网红的“神奇衣架”，一个衣架可以挂很多件的那种，结果买回来发现它不仅对挂衣区的长度有要求，还不方便查看、拿取，而且也不美观。所以要从选择衣架的角度来解决问题，唯一的方法就是：使用统一、超薄、承重好、美观轻便的衣架。

②统一衣架的朝向。

有些衣架是有一定弧度的，所以在使用时一定要注意弧度的朝向是否一致。如果弧度的朝向不一致，非常容易造成空间的浪费，同时悬挂的衣服也会参差不齐，不美观。

③有纽扣或拉链的衣服要扣起来或拉起来。

大多数衣服都有纽扣或拉链，悬挂时一定要把纽扣扣起来，至少扣三颗，即领口第一颗、中间一颗和最后一颗，这样在悬挂下一件衣服时就可以避免重叠悬挂，也减少了因此造成的空间浪费。有拉链的衣服要把拉链拉起来。如果是自带腰带的衣服，最好把腰带系起来或单独收起来，以免腰带与其他衣物打结。

④按照衣物季节种类来分区挂。

衣物一定要分类定区，每个区域只存放一种类别的衣物是最利于管理和拿取的。否则，悬挂区就会出现衣服参差不齐、色调乱七八糟的情况，整个衣橱在你每天选衣服时会给你造成很大困扰，因为你不清楚你想用的衣物到底在哪里。

⑤同一根挂衣杆上，衣服由长到短、由厚到薄、由深到浅排列。

在同一根挂衣杆上悬挂不同长短、厚薄和颜色的衣服时，一定要按照由长到短、由厚到薄、由深到浅的顺序排列。这样不仅美观，也不会对挂衣区下方造成不必要的空间浪费，你还可以充分利用短款区下面的空间。事实上，调查数据显示，同厚度的衣物悬挂在同一个区域可以提升 10% 左右的空间利用率。

如果你的衣橱能够做到以上五点，我相信你衣橱的挂衣量一定可以提升 50% 以上。

快点行动起来吧！

抽屉收纳如何做到分区明确

你平时喜欢随手把小件东西放在哪里？可能大部分人的答案是抽屉。虽然抽屉好用，但其实很多人不会用，只会丢丢丢、堆堆堆，找东西都靠扒扒扒。同一个抽屉会放各式各样的小物件，然后想要找的东西不能及时找到，费时又费力，甚至影响心情，一天都不太愉快。

要想做好衣橱抽屉的收纳，首先要做的是合理分区。没有合理的分区，其他都是徒劳，且很容易恢复混乱状态。

按尺寸来分，衣橱的抽屉大致可分为四种：

①高度小于等于 10 厘米的抽屉。

这种抽屉在衣橱里是最浅的抽屉，大多数家庭在定制的时候，如果没有特殊要求的话，很少会做这个深度。做这种高度的抽屉，一般考虑存放配饰，如项链、手链、耳环、胸针、腰带等。

②高度为 10 ~ 20 厘米的抽屉。

这种是常见尺寸，不管是定制衣橱还是成品衣橱，如果购买者没有特殊要求，设计出来的尺寸基本就在这个数值区间。这样的深度不管存放贴身内衣裤还是各类高、低勒袜子甚至打底袜，都是比较合适的。高度在 15 厘米以内的抽屉基本能满足这类小物件的收纳需求，家里小物件较多的话，选择高度在这个区间的抽屉非常合适。

③高度大于等于 20 厘米的抽屉。

如果你的围巾、丝巾比较多，选择用抽屉来收纳是最合适的了。不过围巾、丝巾因为厚薄不一，所需的空间高度也不一样。总的来说，物品折叠后的高度刚好和抽屉高度相符时，那就是最合适的高度。一般情况下，冬天的围巾折叠后高度会在 20 厘米以上，所以稍微高一点的抽屉可以留给它们，采用直立法收纳，将光滑的一面朝上，你会感觉抽屉整齐得像一道风景线。稍薄的丝巾如果不多，可以跟厚围巾放在一起，如果比较多的话，可以考虑放在高度为 10 ~ 20 厘米的抽屉中收纳。另外，这个尺寸的抽屉也是存放运动衣物的最佳之选。

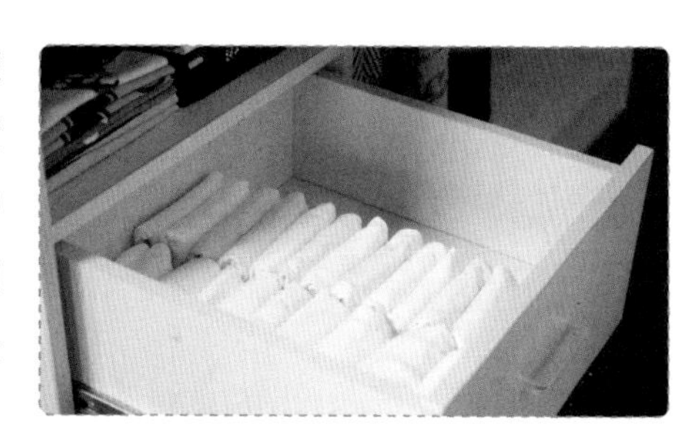

④多宝格抽屉。

多宝格的高度一般在 15 厘米左右。其实从空间有效利用的角度讲，抽屉隔断越少，浪费的空间就越少，所以尽量不要选择多宝格。但是如果已经选择了多宝格，那么该如何解决这个问题呢？首先看能否拆除改造，相关内容我会在后面详细讲解。如果不能拆除，就要考虑多存放腰带、领带、首饰等物品，如果这些也没有，那就考虑存放袜子吧。本书后文会讲解袜子的折叠方法，叠出来的袜子都是方方正正的，放在这里最不容易浪费空间了。

所以，要根据物品类型来设计抽屉的存放位置和尺寸。如果能在最初选择衣橱的时候就按照这个思路进行抽屉的设计，那样才是最完美的。

最后，在抽屉收纳的时候要注意一个原则：同一个抽屉存放的物品类型不超过三种。相信做到这一点，从此你不会再为衣橱抽屉收纳而烦恼了，抽屉永远都不会成为你的整理重灾区。

过季衣物收纳绝招

很多家庭的衣橱空间都不够用，所以就要把过季的衣物收纳起来。不同的衣物要用不同的收纳方法，否则很多衣服再拿出来时会影响使用的品质。另外，过季衣物在收纳时用一些辅助工具，既可以充分利用收纳空间，还可以更好地保护衣物。

收纳工具的材料可以分为塑料和牛津布，推荐选择牛津布，因为它的透气性很好，对收藏要求比较高的衣物来说，透气性非常重要，显然牛津布在这点上比塑料强得多。另外，纯天然的织物（比如真丝、蚕丝、羽绒类等）都不要使用真空袋收纳，因为真空袋完全不透气，会对衣物的物料造成损坏。比如羽绒服，很多人用真空袋去收纳，但再拿出来使用就会发现羽绒服不像之前那么保暖了，这是因为真空袋抽得太干，羽绒被长期紧压容易造成断裂，导致羽绒服保暖性降低。

这里我把过季衣物的收纳按冬季和夏秋季来进行分类介绍。

像冬季的羽绒服、皮草这些衣物在收纳时，先将袖子整理平整拼成正方形，再对叠成跟收纳箱一样的宽度，然后由深到浅、由厚重到浅轻、从下往上叠放就好，这样会非常节省空间。棉衣也是一样，但如果空间不够的话，可以收纳在真空袋中。对于呢大衣这类衣服，首先要分清楚它是挺括型还是柔软型的。如果是挺括型的，建议把它挂起来收纳，或者放在收纳箱的上面，保证不让挺括区域变形；如果是一般的柔软型衣物，就可以采用普通的折叠方法存放在收纳箱中。

夏秋季的连衣裙混纺、化纤、真丝材料偏多，这类衣物易滑、易皱，不易折叠，所以能够悬挂起来收纳是最好的，但如果悬挂区空间不够，可以折叠后收纳在无纺布收纳箱里，注意要尽量减少折痕。

在收纳过季衣物的时候，一定要注意以下几点：

①检查即将收纳的衣物是否存在污渍，如果有的话，一定要清洗干净再存放，否则会滋生细菌，容易造成衣物发黄变色。

②存放的衣物要保证是干燥的，不存在潮湿现象，否则会发霉，滋生霉菌。

③有损坏的衣物一定要修补好再存放。

④过季衣物多存放在顶层区域或其他次常用区域，以保证不影响黄金区域当季衣物的拿取。

⑤过季衣物一定要在箱子外面注明标签，标签的标注方法是：人物、季节、类型。

过季衣物收纳要点

做好这些后你就会感到轻松，不用再为过季衣物的收纳而烦恼，也不需要花费过多时间去管理过季衣物了。

不合理衣橱的改造方法

衣橱的布局有多重要？这么说吧，不合理的衣橱布局不仅影响整个衣橱的容量，也严重影响使用者的体验。对于布局不合理的衣橱，如果你能学会几招简单的改造方法，我相信一定可以让你的衣橱发挥更大的作用，同时也给你的生活带来更舒适的体验。

事实上这些改造方法非常简单，主要分为以下五种：

①拆层板。

如果连接层板与侧板的螺钉是露出来的，可以用眼睛看到，说明层板是可以直接拆除的。如果螺钉在一块板材上却没有与另一面板材连接的话，是不能直接拆除的，需要先把螺钉逆时针旋转 180°，然后螺钉会掉下来。此时可以看到一个螺钉帽，沿着这个螺钉帽画一条平行直线，再用工具沿直线凿开，将螺钉帽完全露出来拆除即可。其他螺钉都可以这样操作。拆除螺钉后，层板就可以和侧板完全脱离，然后把侧板上的螺钉帽扭下来就好。这里需要注意的是，这种层板一旦拆除就会报废，无法恢复。

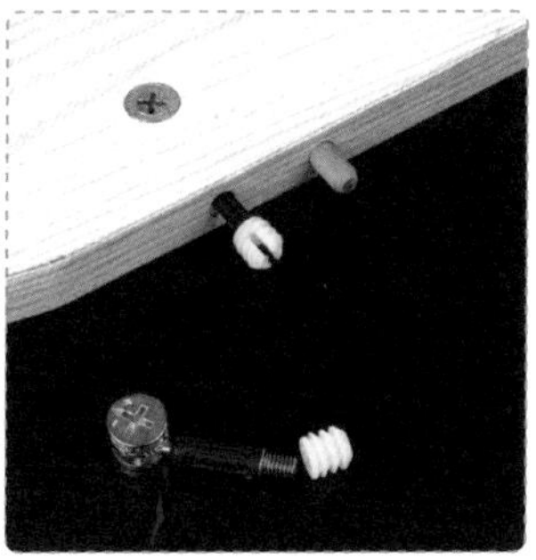

②拆抽屉。

将你想要卸下的抽屉向外拉到底部，在抽屉最后一节两个轨道的交界处，左右两侧各有一个黑色的小板条，上面各有一个扳手，一个向上、一个向下，将原本向上的扳手向下掰，原本向下的扳手向上掰，然后抱住抽屉，轻轻向外抽取，就可以把抽屉取下来了。

1

将想要卸下的抽屉向外拉到底部

2

抽屉轨道左右两侧各有一个黑色小扳手，一个向上，一个向下

3

将原本向上的扳手向下掰，向下的扳手向上掰

4

抱住抽屉向外抽，就可以将抽屉取下来了

5

将抽屉两侧的轨道对齐，然后将整个抽屉关上就可以重新安装上去

③拆裤挂。

拆裤挂和拆抽屉的原理是一样的。先把裤挂往外拉，像卸抽屉一样把裤挂卸下来，就可以看到轨道里面有螺钉，然后将拉条推进去，对准可以露出来的螺钉孔，把左右两边的螺钉用十字刀逆时针卸下来。待两边全部螺钉都卸下来后，裤挂的配件就会脱落下来，这个裤挂就算拆卸完毕了。如果可以直接看到螺钉，那直接卸掉就可以了。

④加挂衣杆。

在需要加挂衣杆的两面侧板上分别找到离顶板 4 厘米的中点，这个点就是钉挂衣杆法兰底座上第一颗螺钉的点。然后在测量好的两个点上用螺钉固定法兰，再把法兰盖提前套在挂衣杆上面，最后把挂衣杆放在两个法兰上面，然后盖上盖子即可。

值得注意的是，在加挂衣杆的时候一定要选择有法兰盖的挂衣杆托，这样的挂衣杆才会更稳固。另外，打孔的那个点离顶端一定不要超过 5 厘米，否则会造成不必要的空间浪费。

⑤**拆其他配件**。

衣橱的其他配件主要是一些收纳筐、收纳篮等，拆除这类配件跟拆抽屉的原理是一样的，只需要把配件拉出来，然后再将轨道两边的四颗螺钉卸下来，轨道就会脱落，这样配件就卸下来了。

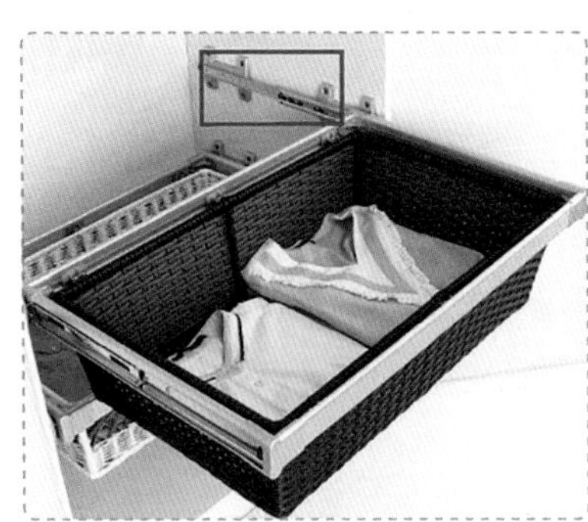

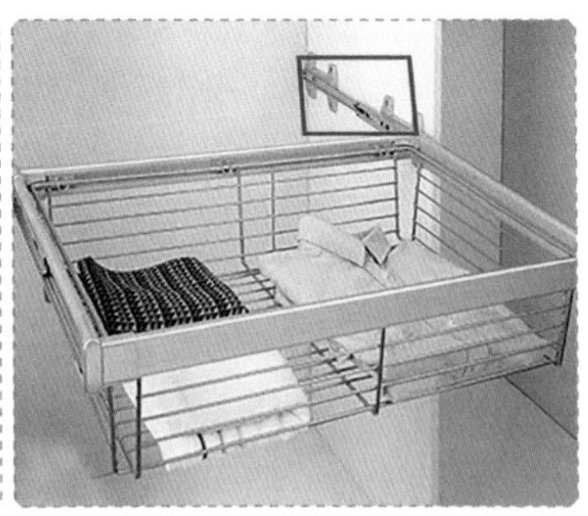

不同人群设计衣橱的注意事项

每个家庭都是由不同年龄段的成员组成的，比如儿童、老人还有成年人等，不同年龄段的人，因各自生活和身体情况不同，对空间的布局需求也不尽相同。所以衣橱布局要根据不同人群的需求进行规划，这需要我们了解各年龄段人们的习惯和身体状况，结合自身动线去规划布局。

①儿童。

现在流行一句话："花重金买学区房，不如装好儿童房。"我认为要装好儿童房，首先要设计好儿童衣橱，一个好的儿童房衣橱可以培养孩子的统筹能力和自立能力。不过儿童衣橱的设计比较复杂，因为孩子的物品更新是最快的，我们给孩子更换衣服的速度永远比不上他们的成长速度和对物品需求的增长速度，经常是没穿几次的衣服就穿不进去了，而各类衣物、配件也容易越堆越多。所以，相比于成年人的衣橱，孩子的衣橱要更强调它的多功能收纳性，多功能分区需求也十分明显。

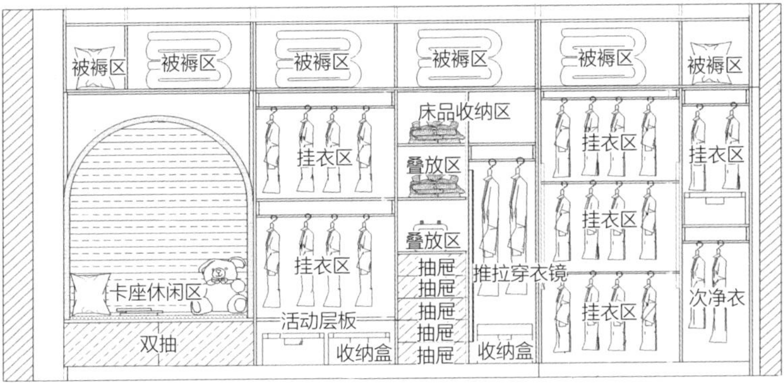

一般来说，3 岁以下儿童的衣物比较零碎，通常挂件较少，叠放衣物较多，需要多设计或添置一些抽屉，抽屉的占比至少为 10%~20%。而超过 3 岁的孩子，叠衣区和抽屉区可以慢慢用挂衣区来代替。具体布局要根据孩子的身高设计，但要注意不要在孩子头部的高度设计抽屉和可以拉出的配件，如抽屉、拉架等，以防出现危险。挂衣区可以考虑设计升降挂衣杆，这种配件可以满足存放不同时期孩子衣物的需求。

整体来讲，衣橱可以设计为一个通体柜，上层放挂件，下层空置，根据孩子成长的不同时期添置适合的配件。在存放方面，衣橱的最高区域放一些孩子不常用的衣物或需要父母协助拿取的物品；抽屉一般设置在低层，多存放小件衣物。另外，儿童房的衣橱可以适当增加一些透气孔，以帮助衣物中的化学成分更好地散发，不过需要注意透气孔的清洁。

事实上，如果不准备长久居住，可以选购成品儿童衣橱，这样投入的成本不会太高。如果想装修后长久使用的话，建议衣橱布局按成人衣橱的设计来考虑，区别之处就是抽屉的数量。当然，如果空间确实不够，抽屉按成人衣橱的数量标准设计也可，在挂衣区下面添置活动抽屉、收纳盒便能满足当下需求，既充分利用了挂衣区下面的空间，也能满足未来挂衣区的尺寸要求。

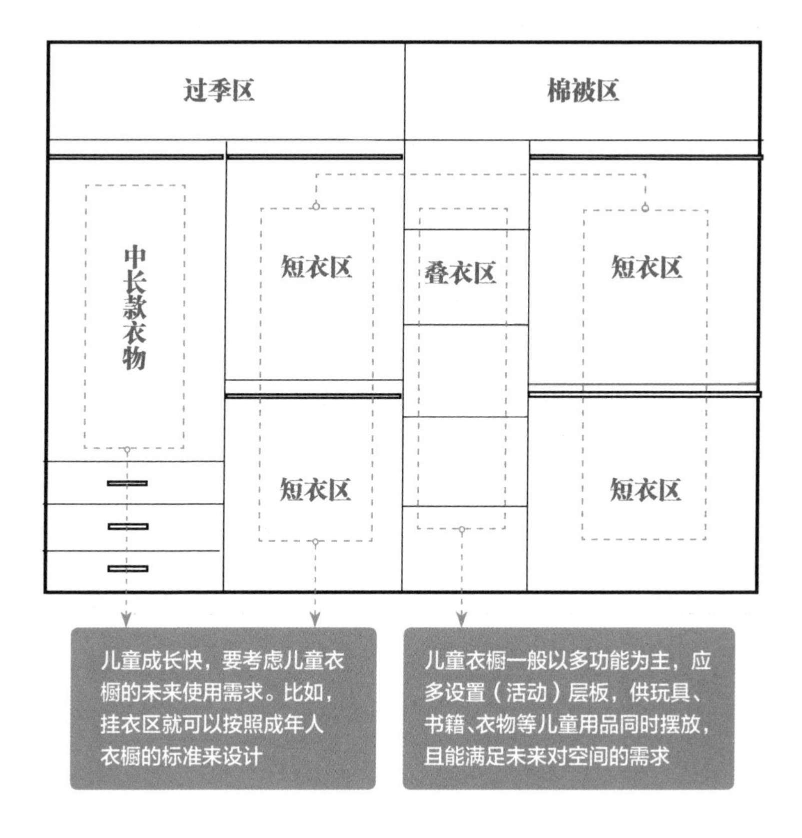

②老年人。

对于家中的老年人来说，通常他们叠放衣物较多，挂件较少，因此设计整体衣橱时要考虑多做些层板和抽屉。考虑到老年人的身体状况不宜上爬或下蹲，因此衣橱里的抽屉不要放置在最底层，避免下蹲。常用衣物最好放在离地面 1 ~ 1.5 米的地方，或者下层直接设计成挂衣区，折叠衣物都存放在中间区域。

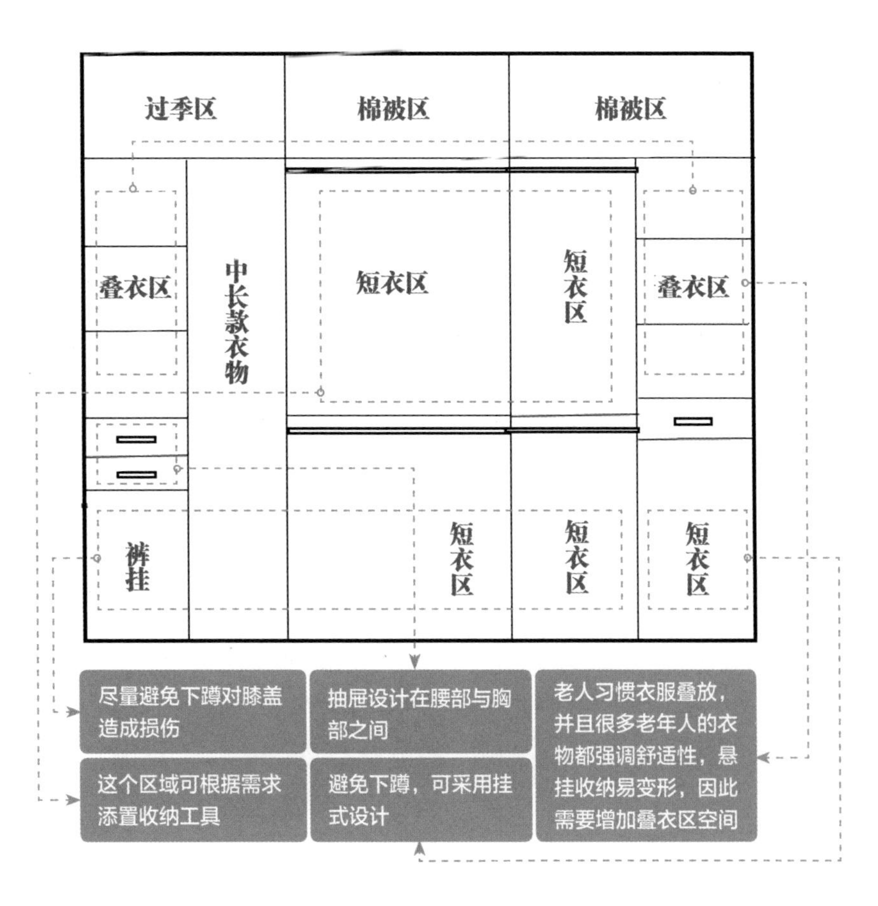

③夫妻。

夫妻二人的衣橱是最难规划的，因为两人的衣物很多样，所以分区非常重要。在设计这类衣橱时，要先划分男女衣物区域，让夫妻各自拥有一个空间是最好的，这样即使两人的整理习惯不同，也不会到另外一方的空间去胡翻乱找。双方互不干扰，各自管理好自己的物品，就会养成爱惜整理劳动成果的好习惯。

确定分区后，确定各自长短衣物的数量，再决定区域的划分和挂衣区的尺寸。一般小衣橱的超长区、叠衣区、抽屉区可以

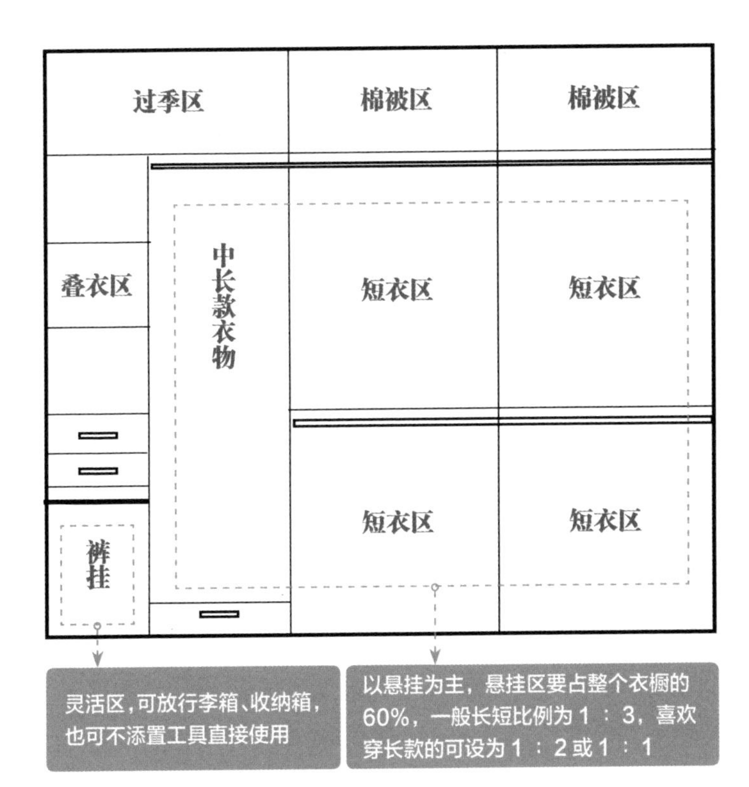

共用，而足够大的衣橱，建议男女挂衣区、叠衣区、抽屉都分开设计。挂衣区通常分为长短两区，分别用于挂大衣和上装，可以将易皱怕压的衣物都悬挂起来，根据长短所需空间来决定男女区域。男生区一般短款偏多，腰带和领带等配饰较多的话，可以设计多宝格抽屉；如果特别喜欢穿西装，为了尽量减少衣服折痕，可以考虑使用裤挂来解决这个问题。一般来讲，男女区域占比设计在 1 ∶ 3 是比较常见的，如果男士衣物较多，占比可以调整为 1 ∶ 2 或者 1 ∶ 1。

内衣、领带和袜子等小物件可以存放在抽屉里，先将抽屉按男女划分，再按存放衣物类别划分，这样既有利于衣物保养、管理，也更直观，方便拿取。

④单身贵族。

这类人群生活随心随性，穿衣风格变化不定，每个时期喜欢的事物也都不同，特别是年轻人的风格更加多样，所以这类人的衣橱设计一定要灵活。如果你属于这类人群，你可以设置更多挂衣区，将衣物悬挂起来尽情展现，用灵活的设计和收纳工具替代叠衣区，等到风格固定下来再将此区域调整成更加适合你的存放空间即可。

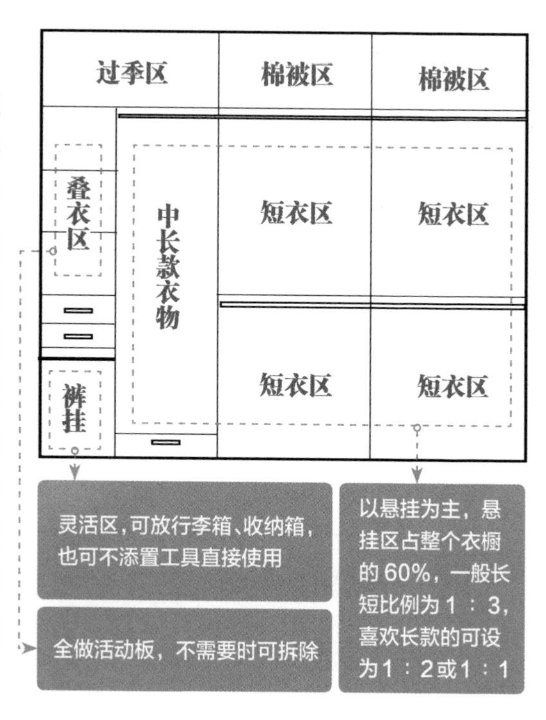

另外，挂衣区域设置升降衣杆也是一个不错的选择，或者选择活动L架，可以根据穿衣习惯来调整挂衣区的长短。而抽屉最好设计成层高不同的，以满足不同时期的需求。或者多设计超长区，抽屉不够用的时候，可在超长区添置灵活的收纳盒。而叠衣区一定要设计成活动板的，不想花费时间叠衣服的话，把板材拆下来加上挂衣杆，就能变成一个简单的挂衣区。所以单身贵族衣橱的设计关键就在于强调灵活性。

总之，布局最好的衣橱，就是自己使用方便的衣橱。

收纳工具的使用“密码”

收纳工具作为空间缺陷的低成本高效率弥补方式，是大多数人的收纳首选，但是如何科学正确地选择收纳工具就是一门学问了。生活中有些人虽然购买了收纳工具，效果却不尽如人意，甚至有些工具变成了家中的闲置物品，占用了原本就已经很拥挤的空间。

如何选择好收纳工具呢？这需要我们了解柜体的功能布局，按照挂衣区、叠衣区、抽屉区这三大区域的布局设计来选择收纳工具，就会简单很多。

①悬挂区的收纳。

经常有人问我：“为什么你们整理师可以在衣橱里挂这么多衣服，而我自己却挂得这么少呢？”其实挂衣服的方法可能没什么不同，只是选用的衣架有差别，就影响了悬挂的数量。那么如何选择好的悬挂衣架呢？

首先，一定要选择超薄的。其次，一般薄款衣架的承重不好，所以一定要考虑衣架的承重效果。再次，衣架一定要防滑，以免悬挂时衣服总是脱落。最后，衣架两边要有弧度（不是指前后方向，而是衣架平面的两边），高度至少要 5 厘米。只有满足以上条件的衣架才是最合适的，既不占空间，又能承重，还防滑，关键是挂厚重衣服时衣架不会变形，挂轻薄衣服时衣服不会变形。

超薄设计

承重效果好

防滑

前后方向无弧度

挂钩 360°可旋转

两端高度大于 5 厘米

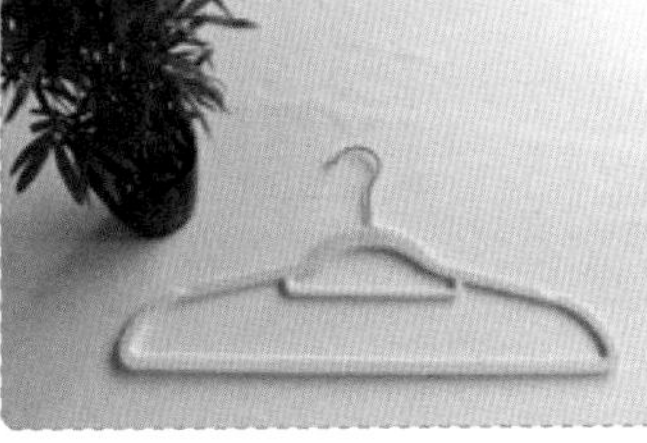

②叠衣区的收纳。

柜体的功能属性不同，深度就不同。遇到较深的柜体时，为了方便使用，可以添置收纳篮或收纳盒，自由推拉，方便查看和拿取最里面的物品。同理，柜体层板与层板之间相隔太高的时候，为了充分利用空间，也可以添置收纳篮或收纳盒。这时候，就需要根据深度和高度的不同去选择合适尺寸的收纳篮或收纳盒了。

③抽屉区的收纳。

不管是衣橱的抽屉还是茶几、餐边柜的抽屉，大致都可分为两种，一是深度大于等于 20 厘米的，二是深度为 10 ~ 20 厘米的。深度不同，存放的物品类型就不同，较小的物品放到浅的抽屉里，比较大的物品放到较深的抽屉里。想必细心的你已经发现，一般较小的物品类别会比较多。我们知道一个抽屉存放的物品类别越少越好，如果把这些小物品都放进抽屉里，会非常凌乱。这时候，浅抽屉可以选择收纳盒来解决问题，特别是那种可以根据物品形状自由调节尺寸的收纳盒。而深抽屉由于存放的物品比较大，物品所占的空间也比较多，所以一个抽屉存放的物品类别不会特别多，一般不需要分区，如果确实需要，可以选择伸缩隔板。

④挂钩悬挂。

挂钩悬挂多用于厨房墙面和卫生间墙面，不过从环境清洁的角度来说，我不太建议在厨房开放区域使用挂钩。因为中式料理的油烟比较重，即使每天都给厨房做清洁，仍然不能彻底解决油腻的问题，日积月累下来，油污会越来越重，越来越不易清洁。卫生间则是空间小而物品种类多、形状又多样的区域，要想充分利用空间，就要学会利用墙面，所以挂钩悬挂是一个不错的选择。挂钩的选择标准主要有三个：小巧、灵活、金属材质。挂钩同样可用于衣橱，一般像腰带、领带、丝带这些数量较多的物品，在没有抽屉可供收纳的情况下，就可以考虑用挂钩来悬挂。

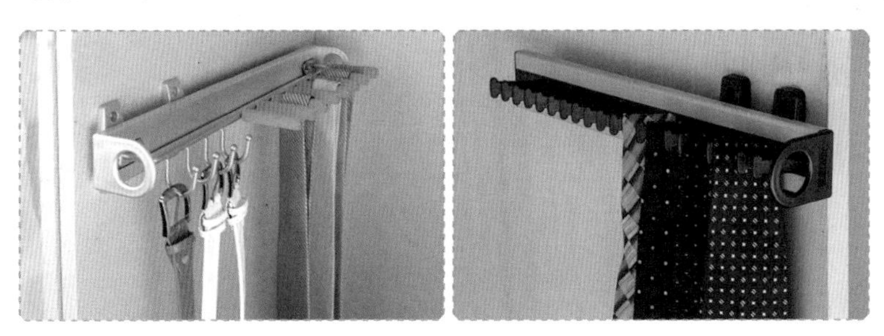

总之，要记住一个原则：收纳工具要科学合理地使用，不要滥用，否则只会适得其反。并且收纳工具一定要选择轻便、简单、灵活的，满足这些条件的基本都不会太差。

学会这些，
你也可以做衣橱布局规划师

- 人体工程学与居室的关系
- 如何根据动线安排生活布局
- 衣橱的基本布局组成
- 衣橱的科学布局及尺寸
- 各种空间的衣橱规划思路
- 衣橱的选购方法

人体工程学与居室的关系

现代社会提倡人性化家居、健康家居，如何营造更加安逸舒适的环境已成为很多人关心的问题，这就需要相关从业者理解并掌握基本的人体工程学。所谓人体工程学设计，是指人在活动或使用工具时最大限度地契合人体自然形态、符合人体活动最佳舒适性的尺寸。也就是说，人不用主动适应工具，就能轻松使用，并减少疲劳感，让人们在工作和生活时更加舒适、安全。将人体工程学与居家整理联系在一起，可以说它们都是“以人为本”，核心都是强调舒适性、功能性和安全性，如果衣橱布局能够做到这些，便是最好的设计。

在居家生活中，我们必须懂得客餐厅区域、洗浴区域、厨房区域的居家人体工程学知识，因为这几个区域是除了卧室以外使用频率最高、物品最多、柜体也最多的区域。同时，若能熟练掌握这几个区域的人体工程学知识，对于衣橱整理的理解也会增加很多。

①客餐厅区域。

长沙发与摆在它面前的茶几之间的理想距离是 30 ~ 45 厘米；如果沙发后面有通道，通道宽度要大于等于 90 厘米；电视机到沙发的距离以电视机屏幕对角线长度的 4 ~ 6 倍为最佳；两个对角摆放的长沙发之间的最小距离应该是 10 厘米；餐桌座位离墙应至少 80 厘米，这样才方便拉出椅子；桌子的高度一般为 70 ~ 75 厘米，桌椅的间距则应为 38 ~ 45 厘米，膝盖距离桌面约 30 厘米；吊灯和桌面之间最适合的距离是 70 厘米。

就餐空间尺寸推荐

		户型		
		紧凑型	中大户型	超大户型
宽度（毫米）	最小	250	800	1200
	推荐	300	850	1500

		使用人数			
		2 人	4 人	6 人	8 人
长度（毫米）	最小	800	1200	1700	2300
	推荐	800	1200	1800	2400
	通道	600	600	600	600

②洗浴区域。

挂衣钩的高度一般为最矮家人身高减去 10 厘米；浴缸旁边过道应至少为 75 厘米；马桶边缘离墙面至少 25 厘米；淋浴区最低尺寸标准为 80 厘米 ×80 厘米；毛巾杆高度在眼睛平视到腰的范围内最为舒适；淋浴扶手高度一般为 80 厘米；厕纸架高度一般为 65 厘米；洗手台宽度至少 60 厘米；吊柜深度一般为 30 ~ 35 厘米。

③厨房区域。

操作台的深度一般为 60 ~ 65 厘米，高度为 80 ~ 85 厘米；操作台与吊柜间距离至少为 60 厘米，才方便存放料理用具；如果有吧台，吧台的高度减去 25 厘米就是坐着最舒适的餐椅高度；中岛柜边沿延伸长度一般为 30 ~ 45 厘米，越窄的中岛柜边缘延伸越长，反之则越短。另外，在厨房相对的墙面摆放各种家具和家电的情况下，中间要预留 120 厘米才不会影响我们在厨房里的活动，如果两边都有柜门，建议预留 150 厘米，这样才能保证在两边门都打开的情况下中间站一个人。

可见，真正的设计是基于使用者的身体结构和生活习惯等去量身定制的，只有将使用者的物品根据这些设计好的空间运用人体工程学去科学分类定位，才能真正打造出以人为本的舒适生活。

如何根据动线安排生活布局

一个家好不好住，每个人的判定标准可能都不同，但有一个地方如果没设计好，那么所有人都会觉得这样的家不好住，那就是对居家舒适性至关重要的家居动线。

家居动线就是居住者在室内因不同目的移动而产生的位移点，连在一起就形成了不同的路线。大的动线是居住者进出各功能区的路线，小的动线是使用者使用各个功能区的路线。简单来说，家居动线就是你在家里为了完成一系列动作而走的路。

动线虽然看不见，却能实际感受得到。如果布局混乱，就会导致做一件事要反复走动，会令人感觉很麻烦。这就是动线没有设计好的结果，不但让家变得杂乱无章，也会给我们的生活带来诸多不便，浪费很多精力和时间。

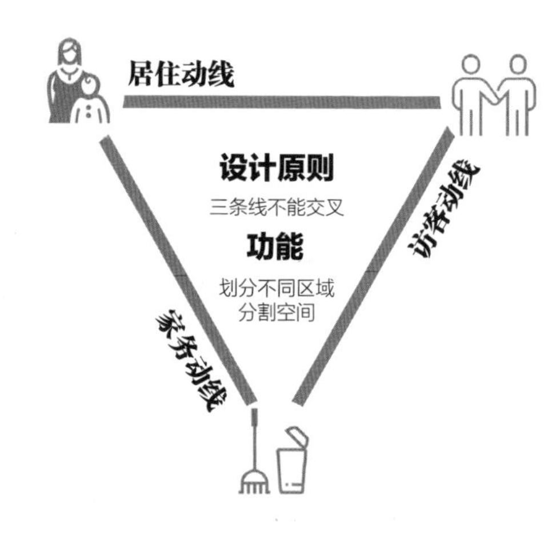

比如，早晨起床去刷牙洗脸，然后回卧室穿衣服，提包在门口穿鞋，最后离开家——这一条动线就是家居动线。显而易见，路线越短就越省事。

一般来讲，住宅动线可以分为居住动线、家务动线和访客动线三种，这三条线不交叉是住宅动线关系的基本原则。如果交叉，就会出现功能区混乱、动静区不分的结果，使有限的空间被分割，不仅住宅面积会被浪费，家具的布置也会受到极大限制。

①**居住动线**。

居住动线主要存在于卧室、厨房、卫生间等空间，其设计要尊重主人的生活格调，满足主人的生活习惯。居住动线又可分为四条，即入户更换鞋帽动线、厨房烹饪就餐动线、洗浴就寝动线和学习放松动线。

入户更换鞋帽动线是进出门更换衣物或鞋子，且可以在三步内完成存放拿取动作的路线。厨房烹饪就餐动线则是指买菜后存放到厨房以及做饭、就餐的动线，若能做到新买菜品不在其他区域堆放，则此动线是合理的。洗浴就寝动线中，就寝区也就是卧室一般在居室深处，离公共区域较远、离卫生间近会比较方便起居洗漱。学习放松动线中，相关区域的位置取决于是否家人共用，如果共用，一般要设计在离公共区域较近的地方，如果是私用，则要设计在离使用人卧室比较近的地方。

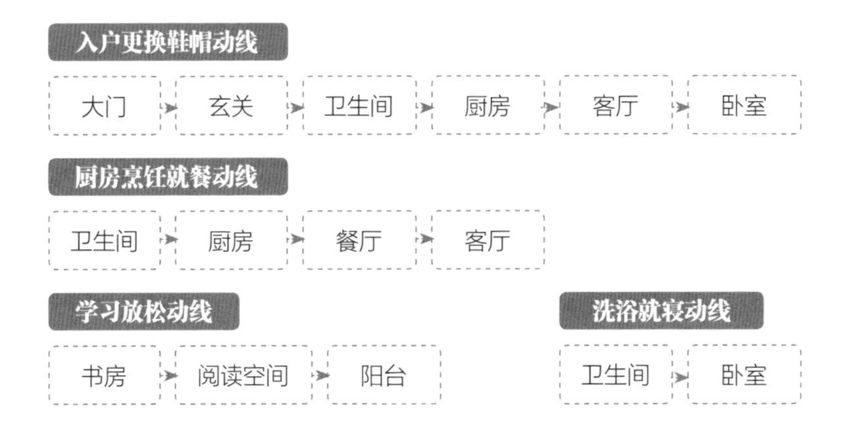

洗浴就寝动线讲究私密性，尽量不要与家务动线、访客动线交叉。如果因为私密空间被打扰而导致睡眠质量不好，就需要调整一下了。现在有一种卧室里设计独立浴室、卫生间的方法，就是为了照顾私密性，同时也为夜间起居提供方便。另外，不要有块空地就安放梳妆台，这样做看似没有浪费空间，却在实际生活中增加了走动的距离和时间。

②家务动线。

家务动线的设计原则是避免路线重复，浪费时间和体力，主要有买菜做饭就餐动线、洗衣晾晒动线、清洁打扫动线等。相关区域的动线设计要尽量做到“直”，不能有太多转角，不同动线的重复交叉也要减少。如果规划不合理，就会出现你在开心地看电视而做家务的人在你面前晃来晃去的情景，或者洗衣晾晒需要奔波多处才能完成，这样的动线明显是不合理的。

以厨房为例，如果冰箱和水槽离得太远，而水槽又离操作区较远，那么这样的厨房布局就是错误的。拿取食材和清洗食材的动线被拉长会导致下厨效率低下，所以正确的厨房动线应该遵循烹饪流程，减少来回走动的距离，才能让做饭更流畅愉快。

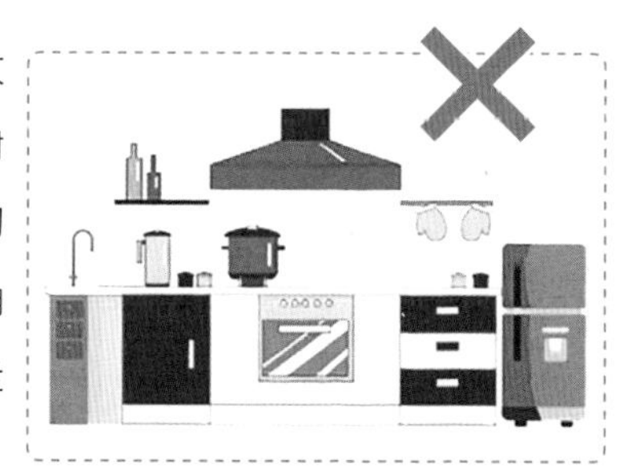

而洗晒区的动线就更简单了，最好洗衣区和晾晒区直接相连，以节省时间和体力，而不是在卫生间洗了衣服，绕过客厅再到阳台晾晒。

③访客动线。

访客动线的设计原则是不与居住动线、家务动线交叉，以免影响家人休息、工作。合理的访客动线应该尽量远离卧室等私密空间，这样不但能让家人更好地休息，也能让客人在公共区域开怀畅聊。

总之，动线越短越好，设计家居动线之前，要先观察自己和家人平时活动的范围和方向。生活方式和习惯不同，家的动线也不同。

衣橱的基本布局组成

衣橱布局的设计关乎使用是否便利，所以要充分考虑使用者的生活习惯、年龄等，同时要利用好家居的每一处空间，这样才能保证整个衣橱布局美观且实用。

随着社会的进步，现在整体衣橱的内部格局基本实现了个性化定制，让广大消费者对衣橱布局有了更多选择。但这并不意味着选择出来的衣橱就是科学且适合自己的，所以经常有人购买完衣橱后，在使用的过程中遇到一些困扰，比如不好拿取、不实用、利用率不高等。

那么如何选择适合自己的衣橱布局呢？这需要我们懂得衣橱有哪些组成区域。前面的章节也曾提到过，一个衣橱大概分为顶层过季区、挂衣区、叠衣区、抽屉区和配件区等。

日本人比较强调空间的极致利用，而所有收纳方法中最节约空间的就是折叠，所以日本人用折叠区较多。但这种收纳方式并不适用于每个中国家庭，一方面中国人均居住面积比日本要大，另一方面中国人更喜欢把复杂的事情简单化、方便化，以便从繁忙的家务中抽出时间去陪家人、工作或者做自己喜欢的事情，所以要求衣橱不仅收纳要简单，拿取也一定要方便。那么悬挂便是最佳选择了，所以中国人的衣橱多以悬挂区为主。

但是，悬挂区占多少空间才比较合适呢？每个人的衣橱大小不同，着衣习惯及衣物数量也不同，自然对悬挂区的要求也不同。不过，一个合理的衣橱一般悬挂区占比至少要 60%。对于衣橱足够大或者自己没时间整理甚至不想整理的人来说，悬挂区还可以更大一些，因为它能有效降低衣物管理的难度和工作量。

一般来说，顶层区和叠衣区加起来占衣橱空间的 10% ~ 30%，各自占比一般为 5 ∶ 5。顶层区常用于收纳床品和过季衣物，叠衣区则用于收纳裤子、毛衣、T 恤或者四件套及睡衣等，这类物品在衣橱里的占比一般都不高。当然，具体情况可根据个人习惯及衣橱大小来决定，如果衣橱较小且衣物较多，折叠区占比可以适当高一些；如果衣橱足够大，且衣物不是很多，甚至可以不要叠衣区，顶层区就可以满足此类衣物的收纳需求了。

而无论衣橱大小，我们都需要抽屉。抽屉区是每个衣橱必不可少的部分，但是需要多少个抽屉却是很多人搞不清楚的一道难题。事实上，不管多小的衣橱，哪怕宽只有一两延米都至少需要三个抽屉，即存放袜子的抽屉，存放内衣、内裤的抽屉，以及存放围巾、丝巾、手套、腰带等配件的抽屉。那么，较大的衣橱或衣帽间的参考标准又是怎样的呢？根据我多年的经验，建议按照衣橱的延米来设计抽屉，每一延米对应一个抽屉，即可满足未来五年的收纳需求。当然，如果配件或贴身衣物较少，也可以按延米对应的 70% ~ 80% 计算。但若是家里有小宝宝的话，建议还是要多设计一两个抽屉，因为孩子婴幼儿时期的零碎衣物较多，多一些抽屉能更方便、合理地收纳这些衣物。

最后就是配件区。随着定制行业的发展，以及人们个性化需求的不断提升，衣橱的配件也是层出不穷，比如收纳篮、多宝格、穿衣镜、移动 L 架、裤挂、化妆抽屉等。其实很多配件更多占用的是衣橱下层的空间，但从整体来讲，这些配件加上抽屉区一般不要超过衣橱空间的 10%。从衣橱布局设计来讲，越简单越好，特别是对于空间比较小的衣橱来说，千万不要做复杂的配件设计，因为同样的功能可以用灵活的收纳工具去替代。

衣橱的科学布局及尺寸

生活中，很多人因为没有做好衣橱的布局设计，让衣物的收纳十分困难。比如挂衣区做长了，浪费空间；都设计成短衣区，结果长款衣物没地方挂；叠衣区宽了，放一叠会浪费一多半空间，放两叠空间又不够；抽屉太深，塞满不好找，不塞满空间又不够用……总之就是在使用中越来越感觉衣橱不对劲，出现衣服不好找、空间装不下、放的时候不好放等一系列问题。

其实这些都是因为衣橱布局没有设计好，一个布局科学的衣橱哪怕用三五年乃至十年都不会觉得有问题，相反只会越来越好用。好的衣橱设计能让你把衣物的收纳变成一件简单的事情。那如何选择一个好的衣橱布局设计呢？

空间有大小之分，衣橱也有区域之分。区域划分好，衣橱管理起来就会事半功倍。划分区域需要懂得各空间的利弊，可以把衣橱分为黄金区、白银区和青铜区。

注：每个人的身高不同，黄金区也不同，所以在设计、存放时一定要根据常使用者的需求来布局

青铜区	手垂直于衣橱时指尖及以上的位置
黄金区	手垂直于衣橱时指尖到膝盖间的位置
白银区	膝盖及以下的位置（此衣橱只有一个位置的白银区）

每个人的身高不同，拿取的舒适区也不同，这就意味着空间区域的划分要充分考虑使用者的身高。

我们以自己的身高为标准，黄金区是一个动作就可以完成拿取的区域，一般在眼睛平视线到腰部的位置，要放我们最喜欢、最常穿的衣物。

次常用区则需要两个动作才能完成拿取，眼睛平视到手抬起来的高度之间以及腰到地面之间都属于次常用区。该区域的物品需要抬手或者弯腰下蹲再去拿，也就是需要两个动作来完成，所以被称为白银区，用来放次常用物品。

不常用的物品一定是存放在不容易拿取的地方，比如顶层区，为了拿取可能需要凳子、梯子等工具，也就是说要三个动作才能完成，这就是青铜区，一般用于存放过季或长时间不用的物品。

①**黄金区**一定要减少隔断，因为隔断越多，收纳就越困难。另外，各区要以你存放衣物的类型来确定收纳方法，从而选择对应的设计。比如常穿衣物易皱，你就可以把黄金区设计为挂衣区。

②**白银区**设计为抽屉区是最好的，方便查看、拿取并减少深蹲。

③**青铜区**一样要减少隔断，并且层高不能太低、太窄，以方便存放大型物品。

此外，各个区域的尺寸也要花心思设计。

衣橱分为成品衣橱和定制衣橱。其中成品衣橱的内部格局基本是固定的，但其布局并不一定符合每个人的需求，因为一千个人有一千种生活习惯，一个好的布局设计应该做到真正的量身定制。这就需要使用者真正了解自己的生活习惯和喜好，以及现有衣物的数量、尺寸和形状。

首先来看挂衣区的尺寸设计。

一般来讲，挂衣区有三种尺寸：短衣区长度约为 90 厘米，中长区长度约为 120 厘米，超长区长度至少要 150 厘米。所以在设计挂衣区的时候，要先考虑使用者喜欢穿哪种长度的衣服，是短款还是中长款抑或超长款。对于不经常穿长款衣服的人来说，衣橱长短挂衣区空间设计比例在 1 ∶ 3 左右；如果经常穿长款衣服，那么此比例可以考虑 1 ∶ 2 或者 1 ∶ 1，这样就不会出现悬挂衣物上卷、变皱或者挂衣区下层空间大量浪费的情况。

其次来看叠衣区的尺寸设计。

一般从收纳的角度来讲，叠衣区的宽度设计为 45 ~ 48 厘米是最好的：如果使用者偏瘦，就 45 厘米；如果使用者健硕，就 48 厘米；如果使用者较胖，则可以设计为 50 厘米。在这样的宽度下，采用正确的折叠收纳方法，衣物刚好可以放两叠而不会浪费空间。层高建议设计为 30 ~ 35 厘米，因为这个高度不会特别高，即使放八分满的衣物也不会倒塌，并且方便拿取。

再次是顶层区的尺寸设计。

顶层区一般用于存放被褥或者过季衣物。它一般要高于普通叠衣区 10 ~ 20 厘米，但也不能过高，否则收纳过季衣物时不方便拿取。一般来讲，顶层区的高度设计在 50 厘米左右是最佳的。我们都知道被褥折叠后会非常宽且厚，所以顶层区千万不能太窄，而从承重角度考虑，也不能太宽，所以一般设计成 70 ~ 90 厘米是最佳的，最长不能超过 100 厘米，否则不利于物品分区，从承重角度来讲也不太好。

最后是抽屉区的尺寸设计。

在设计抽屉之前，要先考虑准备在抽屉存放哪些物品，而非草率决定。如果主要存放小物件如内衣、内裤、袜子等，高度设计为 15 厘米即可；如果特别喜欢围巾、毛线帽、手套等比较宽厚的配饰，高度可以设计为 20 厘米左右，这个高度不仅能存放这些配饰，还可以存放叠衣区放不下的 T 恤、裤子等。另外，抽屉的数量也要考虑好。很多人后期会买很多收纳箱来弥补衣橱的不足，这就是没设计好的结果，如果有足够的抽屉，事实上根本不需要添置这些收纳箱。因此建议不管衣橱大小，都要至少设计 3 个抽屉，如果有很多小物件或配件，或者还有睡衣、保暖衣等，那在 3 个的基础上还可以多设计 2 ~ 4 个；而超出 5 延米的衣橱，可以每延米对应一个抽屉，这样来设计。此外，像耳环、手链、戒指、项链等饰品没有地方存放的话，不妨考虑在衣橱中设计一个存放饰品的抽屉，高度只要 10 厘米即可。抽屉的最佳宽度一般为 45 ~ 70 厘米，过宽或过窄都不利于收纳。

各种空间的衣橱规划思路

不同大小的房间，衣橱的规划是不同的。好的衣橱不仅能让空间整体有美感，还能提升空间的收纳能力。那如何规划合理的衣橱呢？

首先要考虑的是房间的面积，其次要根据使用人口来设计衣橱的面积。衣橱并不是越大越好，空荡荡的衣橱会显得毫无生气，且容易积灰；但衣橱过小，收纳空间不够，则会影响整个卧室的整齐度和穿衣效率。所以好的衣橱空间大小要适中，契合使用者人数，且和卧室空间完美结合。

如果卧室面积在 15 平方米以内，建议选择一字形衣橱；低于 10 平方米的卧室，柜体深度尽量选择 55 厘米的。这里有一个数据，一个至少要居住 5 年的家，每人所占的衣橱面积为 4 ~ 6 平方米，占室内全部橱柜的面积为 6 ~ 10 平方米，这样的话才够用。当然，如果不打算长住的话，可以选择可移动的成品衣橱，因为灵活性强，成本也低，搬家时无论丢弃还是搬走都可以。

如果有一个单独的空间，只要宽度达到 120 厘米，长度超过 200 厘米，便可以考虑设计成一个迷你 L 形步入式衣帽间。这时候的衣橱要设计成开放式无柜门的，且深度不宜超过 55 厘米。如果担心灰尘的话，可以使用窗帘或者防尘套来解决。如果这个单独的空间宽度达到 200 厘米，长度达到 300 厘米，那么就可以设计成一个 U 形衣帽间。如果空间长宽都在 300 厘米以上，就可以设计成一个回字形衣帽间，在中间设计配饰柜，穿衣后便可搭配配饰。如果以上这几款衣帽间都不能满足你，那可以考虑做一个 E 形衣帽间，一般这种比较适合衣物超多且配饰也超多的人，当然，它对空间的大小要求也比较高，宽度和长度都至少要 400 厘米。这样的衣帽间最让人有满足感，男生区、女生区，当季区、过季区，衣物区以及配饰区、配件区等都能一一展示在眼前。

而对穿衣风格变化不定、也不喜欢上面这些设计的人，建议选择框架式结构的衣橱。这种衣橱可以自由调整布局，挂衣区的长短、叠衣区和抽屉区的高低及数量，都可以根据自己的喜好来自由选择、调整。如果你觉得这样的设计还不够灵活，那建议了解一下自由空间收纳柜和旋转衣橱，它们算是目前市面上最灵活的衣橱了，极大地提升了收纳的方便性。

衣橱的选购方法

除了布局，衣橱的选择也是非常重要的，不同的类型适合不同的家庭和空间。挑选衣橱对很多人来说是一件头疼的事情，但只要掌握三点，选择就容易多了：一是根据空间情况选择适合的设计类型；二是选择适合的柜门；三是选择低甲醛的板材。

从设计类型来讲，衣橱大致分为独立式衣橱、嵌入式衣橱、开放式衣橱和框架式衣橱等。

独立式衣橱就是常说的成品衣橱，可以自由移动、变换位置，即买即用，款式和花样较多，适合急用衣橱的家庭。这种衣橱最大的缺点是很难和户型格局、尺寸完全匹配，而且风格也不一定和卧室搭配，无法满足用户的全部需求，还比较占用空间，其内部格局设计有很多不合理的地方，容易造成空间浪费。所以不建议长住者购买这种衣橱。

嵌入式衣橱是小户型的最佳选择，可以有效提升空间的利用率。嵌入式是指衣橱的柜体全部嵌在墙里，它最大的好处就是不额外占用卧室空间，还可以增加衣橱的面积，满足衣物收纳的需求，让卧室空间的利用率达到最大化。

开放式衣橱比较适合年轻人。这种衣橱没有柜门，可根据自己的衣物情况随意摆放。它最大的优势就是找衣服比较方便，柜内布局一览无余，且看上去很宽敞。但正因为没有柜门，所以开放式衣橱不能防尘，容易积灰，尤其是潮湿季节，衣服容易受潮发霉，另外就是隐私性较差。所以使用这类衣橱时，建议准备一些收纳盒与防尘袋。

多功能衣橱讲究一物多用，其设计同样不会千篇一律。为避免占用过多的空间，很多人都会将衣橱进行多功能的组合设计，把衣橱和电视柜、梳妆台、书桌等合为一体。这种一体化设计实现了收纳、工作和摆放装饰品等多种功能，有效提升了卧室的空间利用率，甚至让一间卧室实现两个房间的功能，实用性大增。

柜门的选择也是有讲究的。如果空间足够大，可以考虑平开门，因为平开门衣橱款式比较多样，且有层次感，选择更多，也比较美观，它唯一的缺点是比较占用空间。小空间的衣橱则建议使用推拉门，因为比较节省空间，但是美观性和多样性方面没有平开门强。开放式衣橱更适合小型或迷你型衣帽间，但要添置窗帘以减少灰尘。

最后一点，要想选择一个好的衣橱，还要考虑健康问题，所以选择低甲醛的板材就显得尤为重要了。我们经常会听家具销售人员说："这种板材不含甲醛。"其实这种说法是忽悠人的，不管是颗粒板还是多层板、实木板，所有柜体只要用到胶，就会有甲醛，而甲醛含量的高低取决于胶的质量。当然，市面上还是有接近零甲醛的板材的，比如E0级板材。为了健康，甲醛含量当然越低越好，但只要符合国家的释放标准，其实都是可以选择的，只是千万注意不要买到劣质板材。

衣橱是卧室必不可少的收纳家具，所以一定要选择适合自己的衣橱。保证居室的干净整洁，便能拥有一个舒适的生活空间。

从衣橱“纳”出精致人生

- 小物件的折叠收纳方法
- 衣物的收纳折叠方法
- 饰品的收纳整理方法
- 包类绝妙收纳术
- 衣橱防潮防霉小妙招
- 衣物防虫防蛀小妙招
- 科学的衣橱清洁方法

小物件的折叠收纳方法

小物件一般都会收纳在抽屉里，但是抽屉都有固定的高度。那么，如何在固定高度空间中存放物品就成了一门学问。既要满足物品的存放需求，又不浪费空间，是需要一定技巧的。这就要求每个物品在折叠后，其高度符合抽屉的高度或提前预设的尺寸。

另外，小物件折叠出来一定得是方方正正的。现在网络上有很多折叠方法，有卷起来的，有折叠成圆形的，但是从物品的形状来讲，方形比圆形更节省空间，且褶皱更少，存放起来也更稳固，不易散乱。折叠成方形收纳，你会发现这么小的空间原来可以容纳那么多物品，真是不可思议。

接下来就介绍一下各种小物件是如何神奇地变成节省空间的“小方块”的。

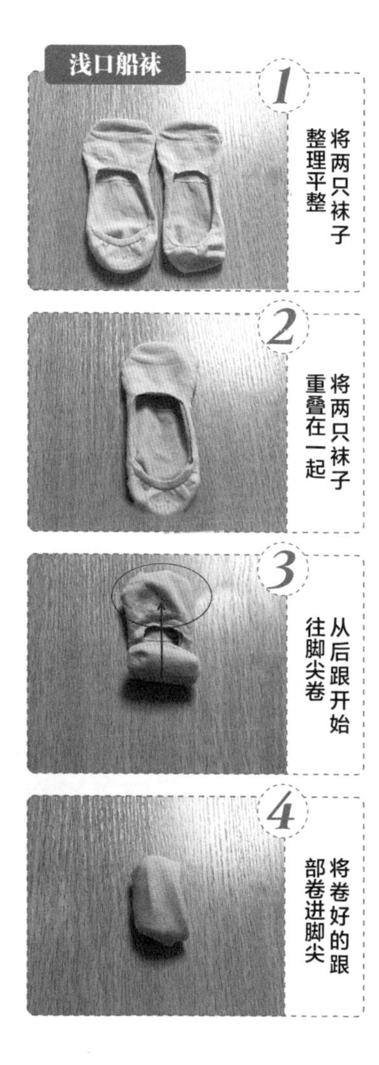

深口船袜

1

将两只袜子整理平整

2

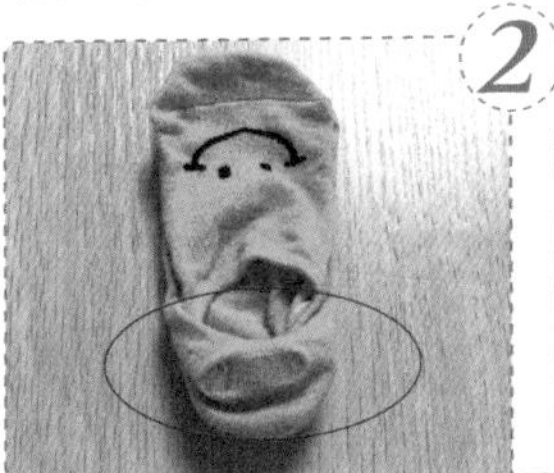

将后跟重叠在一起，脚尖不重叠

3

从脚尖卷向脚跟

4

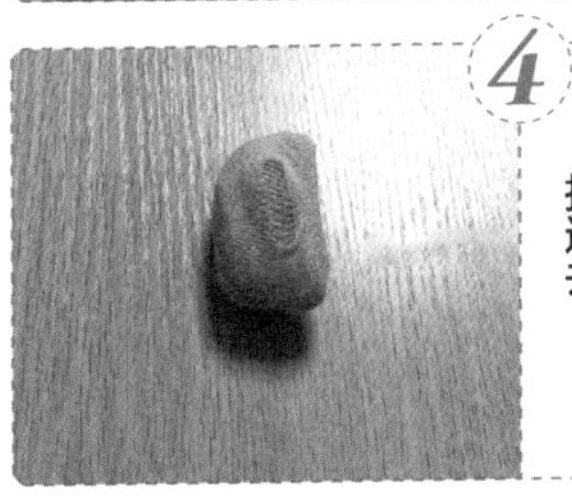

卷到跟部扣进去

短丝袜

1

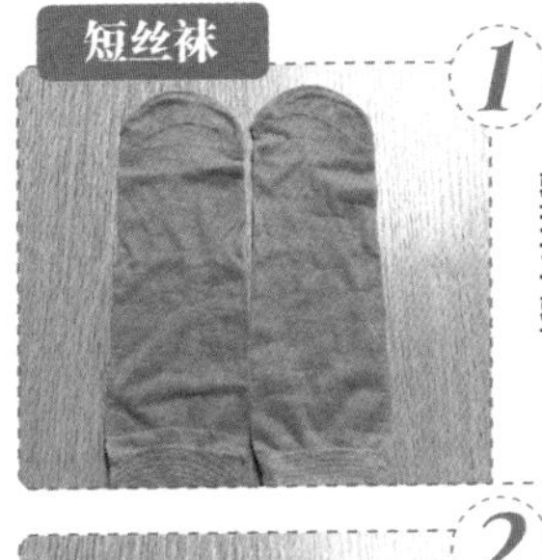

将两只袜子整理平整

2

重叠在一起，从袜口对折四分之一

3

从脚尖向腕口折叠四分之一

4

把脚尖塞到腕口里

低勒袜

1

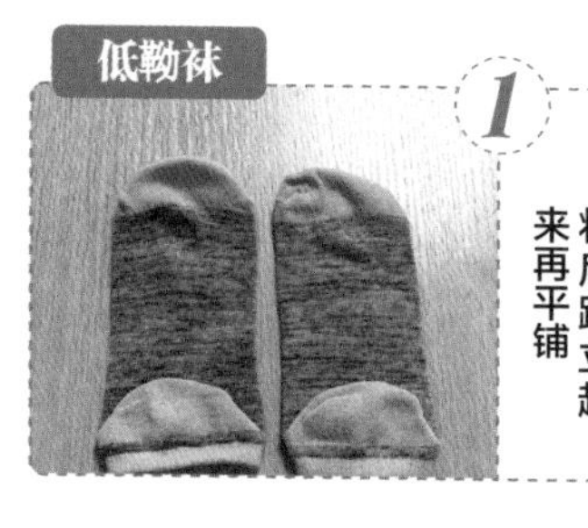

将后跟立起来再平铺

2

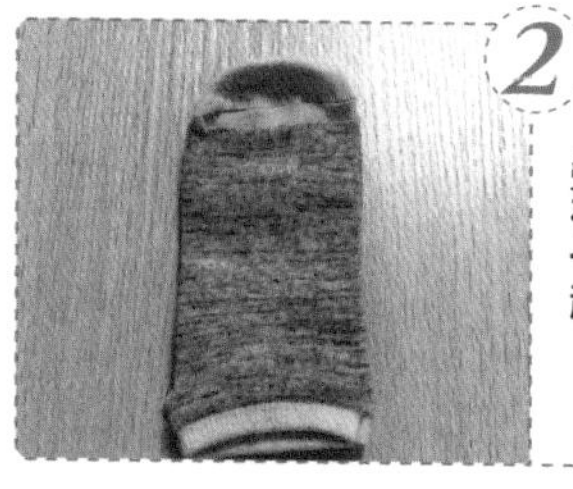

将两只袜子重叠在一起

3

将开口端向脚尖对折三分之一

4

将脚尖塞进腕口里

高勒袜

1

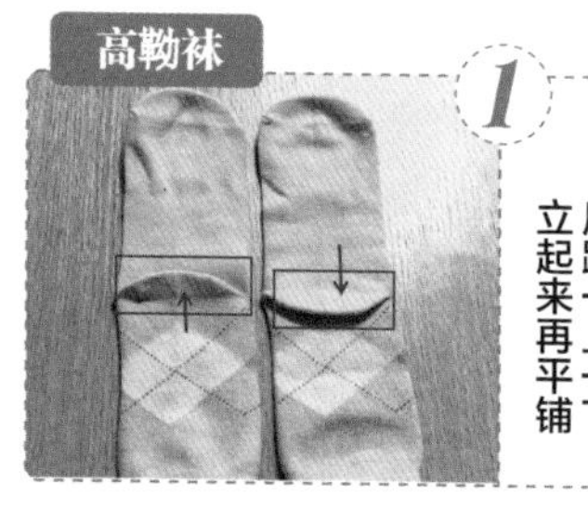

后跟一上一下立起来再平铺

2

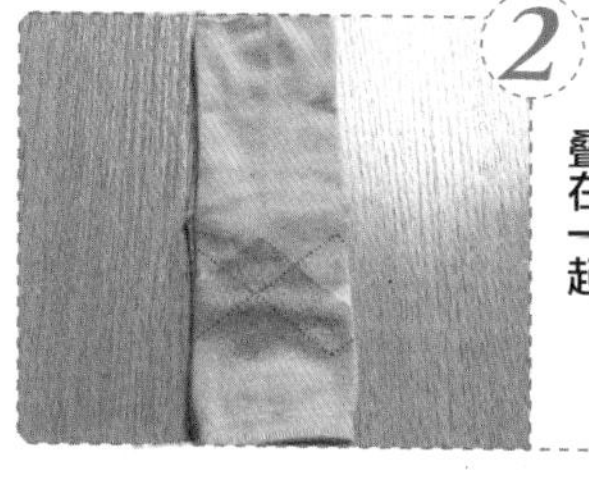

将两只袜子重叠在一起

3

将开口端向脚尖对折三分之一

4

将脚尖塞进腕口里

裤袜
1
平铺
2
两只袜子对折重叠在一起
3
从脚尖对叠到腰部
4
将带口的腰部向末端对叠四分之一
5
末端再向带口腰部对叠（要等分）
6
将末端塞进腰部的口里面
平角裤
1
平铺
1/3
1/3
1/3
2
沿着裤缝平均折叠两次，分成三等份
3
从有口的腰部折叠三分之一到腿部
1/3
1/3
1/3
4
把腿部折进腰部

内裤

1

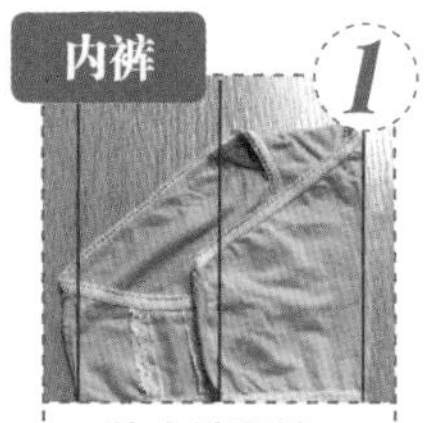

将内裤平铺，
三等分对折

2

三等分对叠
成长方形

3

将带口的腰部
向末端对叠三
分之一

4

将末端塞进
腰部口袋里

吊带

1

将吊带平铺，
三等分对折

2

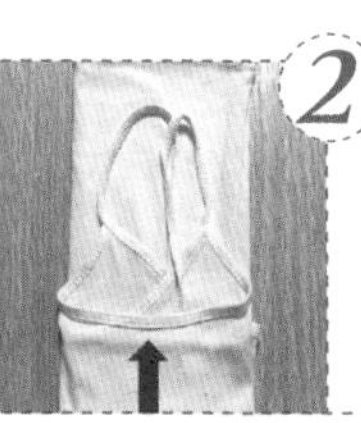

先将顶部向末端
对叠四分之一

3

再将末端向顶端
对叠四分之一

4

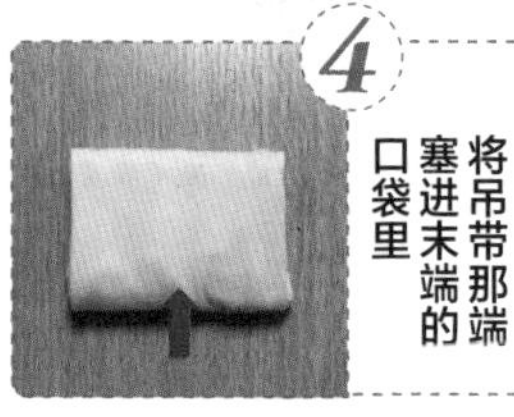

将吊带那端
塞进末端的
口袋里

围巾

1

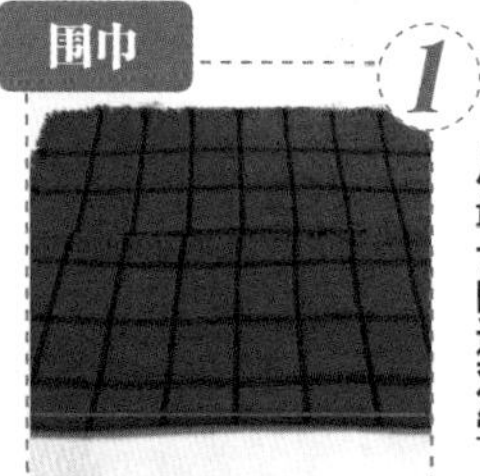

从最长的边对叠

2

对叠到易操
作的小方块

3

将易操作的小方块
平均分成三等份

4

均分叠成你想
要存放的宽度

5

折叠成有开
口的长方形

6

再对叠或像袜
子一样内扣

衣物的收纳折叠方法

收纳衣物的时候，一般要根据存放区域来决定收纳方法。衣物有三种收纳方法，即悬挂、层板折叠收纳（叠衣区）及抽屉折叠收纳（抽屉区）。悬挂收纳法与衣物折叠无关，因此这里只介绍后两种方法。

层板折叠收纳不宜把衣物折叠得太小，长度以从手到手肘的长度比较合适。这个长度跟衣橱的深度相差不大，在拿取衣服的时候比较容易。收纳要好收好拿，而不只是收起来好看、节省空间就行了。

抽屉折叠收纳需要把物品折叠成小方块，宽度和高度要符合抽屉的尺寸，然后让衣物立起来，整齐有序地从内向外排好。这个方法适合空间不够用但肯花时间整理的用户，因为折叠是最省空间的，但也是最耗时的，如果没有足够的时间管理衣橱，一般不建议用这个方法。

这里我们就把每种衣物的收纳方法给大家分享一下。

①上衣的收纳折叠方法。

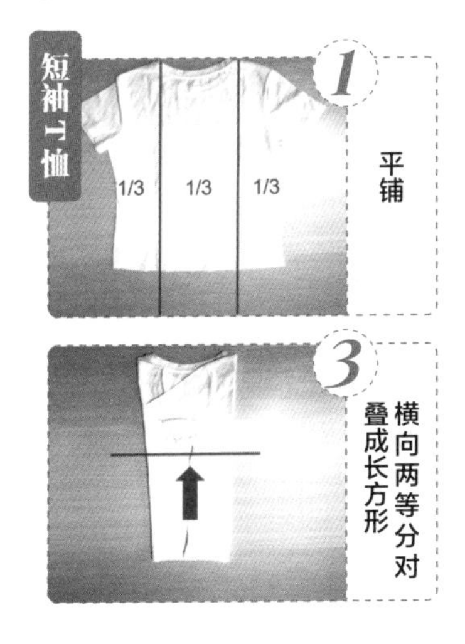

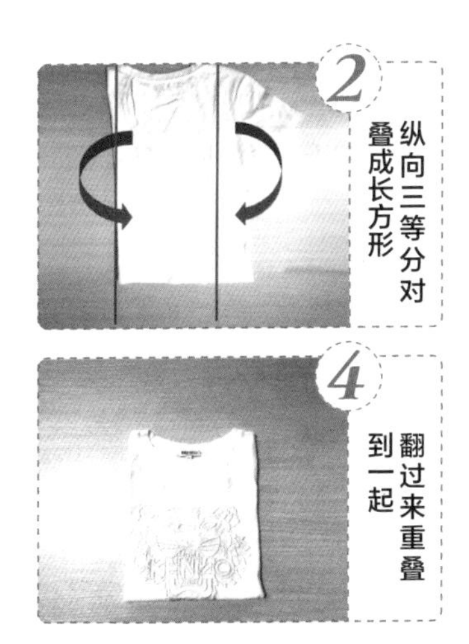

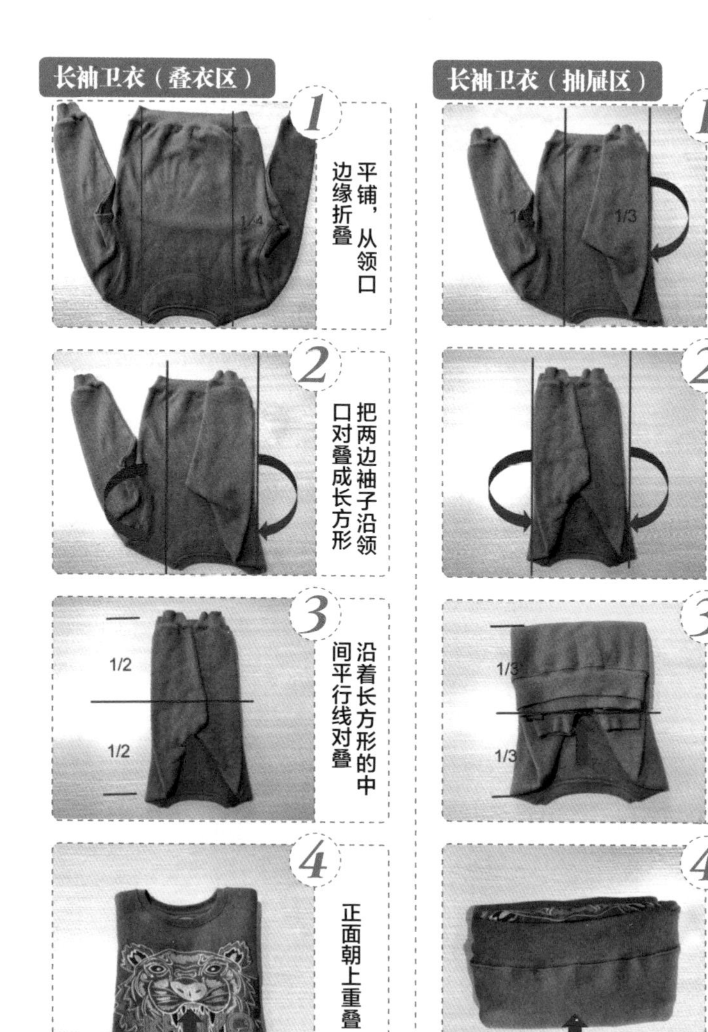
长袖卫衣（叠衣区）
1
平铺，从领口边缘折叠
1/4
2
把两边袖子沿领口对叠成长方形
3
沿着长方形的中间平行线对叠
1/2
1/2
4
正面朝上重叠
长袖卫衣（抽屉区）
1
平铺，从领口边缘折叠
1/3
2
把两边袖子沿领口对叠成长方形
3
底部开口端向领口端对叠三分之一
1/3
1/3
4
领口端塞入底部口袋里

连衣裙（叠衣区）
1
平铺对叠五分之四或四分之三
4/5
2
左右分别向内对叠四分之一
3
横向对叠二分之一（这个尺寸等于叠衣区或收纳箱的宽度）
1/2
1/2
4
存放到叠衣区或过季收纳箱（此类衣物一般建议悬挂）
连衣裙（抽屉区）
1
平铺对叠五分之四或四分之三
4/5
2
左右分别向内对叠四分之一
3
纵向对叠二分之一（这个尺寸等于叠衣区或收纳箱的宽度）
1/2
4
从底部纵向对叠四分之一
2/4
1/4
5
将另外一边对叠四分之一
6
将末端对叠好的部分塞进顶部的口里

②下装的收纳折叠方法。

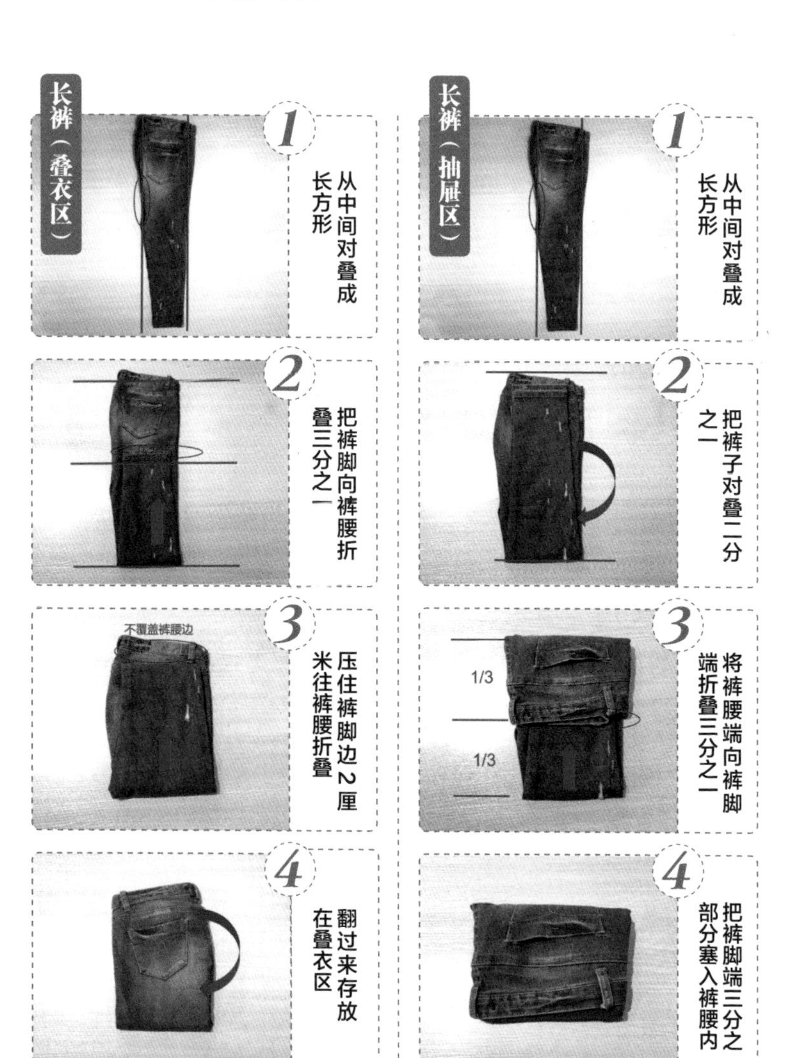
长裤（叠衣区）
1
从中间对叠成长方形
2
把裤脚向裤腰折叠三分之一
3
不覆盖裤腰边
压住裤脚边2厘米往裤腰折叠
4
翻过来存放在叠衣区
长裤（抽屉区）
1
从中间对叠成长方形
2
把裤子对叠二分之一
3
1/3
1/3
将裤腰端向裤脚端折叠三分之一
4
把裤脚端三分之一部分塞入裤腰内

蓬蓬裙（抽屉区）

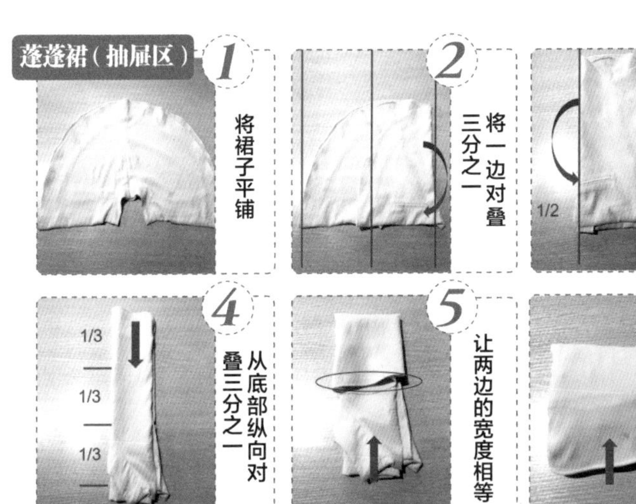

1 将裙子平铺

2 将一边对叠三分之一

3 另一边对叠三分之一，让裙子呈平行的长方形

4 从底部纵向对叠三分之一

5 让两边的宽度相等

6 将没开口的裤腰端塞入顶部开口内

长版A字裙（抽屉区）

1 将裙子平铺

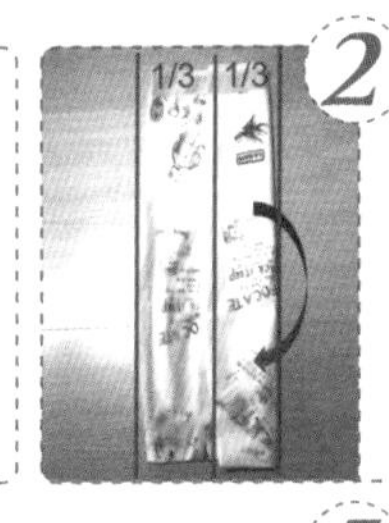

2 将一边向另外一边对叠三分之一

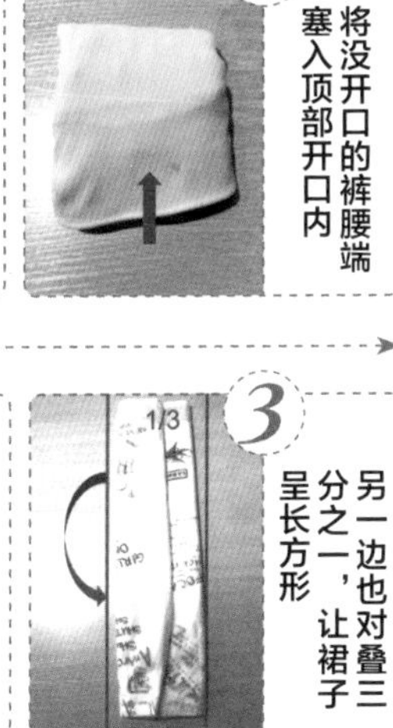

3 另一边也对叠三分之一，让裙子呈长方形

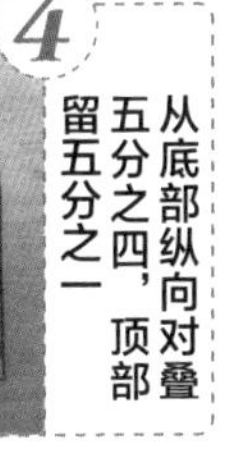

4 从底部纵向对叠五分之四，顶部留五分之一

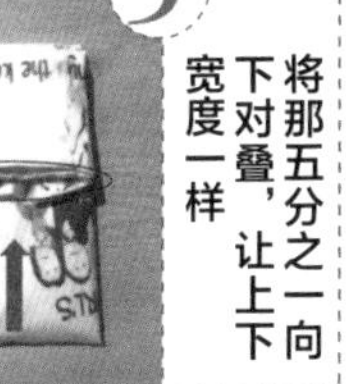

5 将那五分之一向下对叠，让上下宽度一样

6 将没开口的底部塞入顶部开口内

③运动衣物的收纳折叠方法。

运动T恤

1

平铺，先对叠一边袖子的三分之一

2

再把另一边对叠，形成一个长方形

3

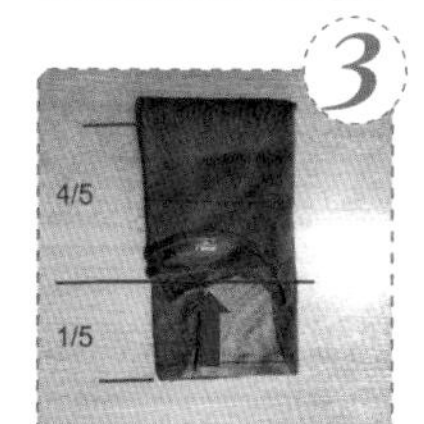

将衣领端向底端对叠三分之二，再将底端向衣领端对叠三分之一

4

将上面部分塞进底端的空袋内

运动短裤

1

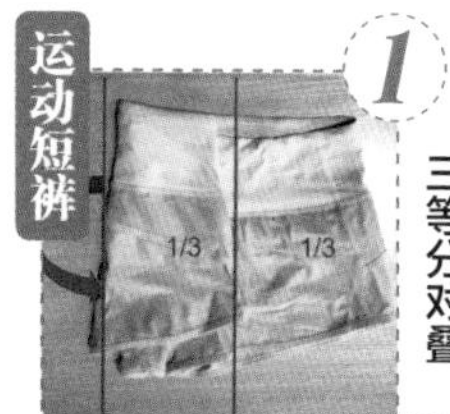

将短裤平铺，三等分对叠

2

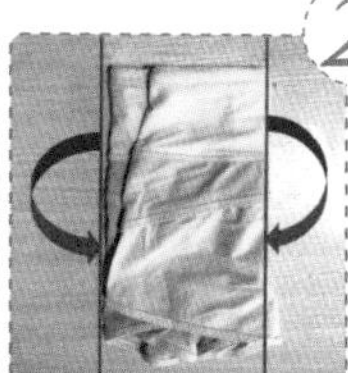

再把另一边对叠，形成一个长方形

3

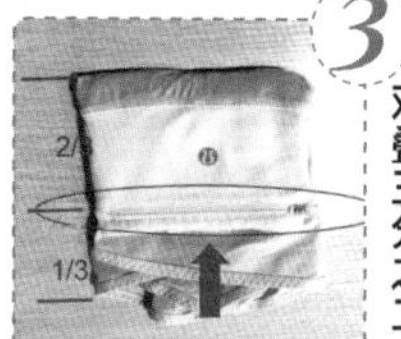

将裤腰向底端对叠三分之二

4

将剩余三分之一的底部塞入腰部口袋

④床上用品的收纳折叠方法。

1

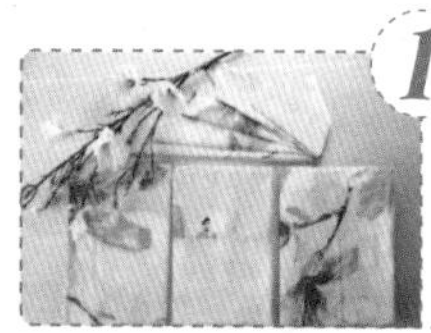

空出一个枕套，其他都折叠成相同大小的长方形，并要小于枕套的二分之一

2

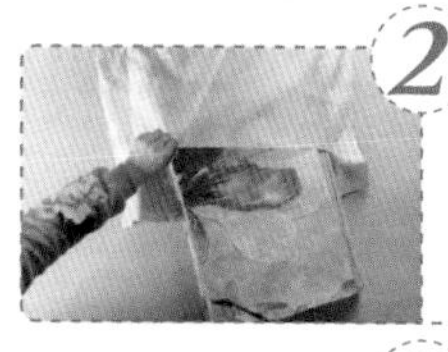

将叠好的枕套、床单和被罩重叠放入空出的那个枕套中

3

把枕套边缘折叠，抚平褶皱

4

存放，完美收工

饰品的收纳整理方法

饰品可以提升整体造型的精致度，但其数量大、体积小、形状杂等特点加大了收纳的难度。饰品容易因潮湿、光照而氧化褪色，有些还比较贵重，所以建议将其放在有盖子的整理盒内，然后统一放入固定的收纳位置，这样既减轻了环境对饰品的伤害，又降低了饰品遗失的概率。

对于使用频率高的饰品，可以先想想自己习惯在哪个区域搭配首饰，然后按照平日的生活动线来决定收纳位置，比如梳妆台、衣橱、玄关等都是适合的场所，不仅使用方便，还可以养成物归原处的好习惯。

所有物品的收纳方法都是万变不离其宗的，饰品的收纳方法和衣物一样分为摆放法或者悬挂法。

①**抽屉摆放法**。

使用这种饰品收纳方法，首先要思考的问题就是自己的饰品当中哪些类型比较多，比如项链、手表、耳环等。类型不同，所需要的空间也是不同的，所以不能说某种格局或工具适合所有人。如果你想找到适合自己的收纳工具，让其完全符合自己的生活习惯和喜好，可以选择定制的首饰收纳工具，放入抽屉里使用，从而有效利用抽屉的收纳空间。

②收纳盒摆放法。

也许有人会说自己没有抽屉用来收纳饰品，那该怎么办呢？这种情况只能添置成品首饰收纳盒了，它既可以解决存放饰品的空间问题，又可以避免灰尘、减少氧化问题。但是在收纳工具的购买上需要多留意，以免被坑，不要买过于复杂的收纳盒。请记住一句话：最好的永远都是简单的。

③墙面悬挂法。

这种收纳方法比较单一，如果想要布局多元化，可以用珍珠钉自由调整，以满足对不同饰品的收纳需求。比如项链可以用两颗珍珠钉左右各一颗把它挂起来，耳钉直接钉上去就行。这种收纳方法适合饰品比较少且想要快速找到的人，但因为大多没有与外界隔绝，饰品容易积灰氧化，所以最好加上透明隔断。也许有人会问，如果把这些饰品放置在衣橱里可不可行呢？可行，你可以直接把这些饰品固定在衣橱的门板或者侧板上，这样可提高空间利用率，并且也间接减少了积灰的可能。

包类绝妙收纳术

对有些女生来说，包包太多是一个问题，如果不能做到好好收纳，很容易导致家里脏乱差，而且品牌包不密封保存的话，梅雨天气很容易导致其发霉，损失非常大。那如何收纳心爱的包呢？其实只要掌握收纳包包的痛点，再去考虑怎样收纳，问题就变得非常简单了。

收纳包包的痛点有：体型大小不一，占空间；娇贵，怕挤压、变形；怕灰尘，甚至有的包的寿命都受到其威胁；为保颜值而隐藏起来收纳，总觉得不够直观。

下面我们就来具体看看适合收纳包包的方法。

①挂钩悬挂法。

很多人为了方便，直接在衣橱挂杆上添置挂钩悬挂包包。这种方法第一感觉好像是挺方便的，但是在使用的过程中你会发现，这种方法实际上非常浪费空间，并且还会缩短包的寿命。因为，包的大小不一样，要保持承重平衡，很容易出现东倒西歪甚至局部被压变形的现象，而且包包的手柄损耗也很大，容易磨损。所以这种方法并不妥当。

②收纳工具悬挂法。

有人为了收纳后美观，添置了方方正正的悬挂收纳工具。相比于前者，这种方法好很多，但实际上并没有起到防尘的作用。如果收纳包时不能防尘，那么在很大程度上一样会降低包的使用寿命和品质。

而带有防尘保护盖的悬挂工具效果就要好很多了。如果衣橱的挂衣空间足够大，能够挤出一块包包的存放区域，这就是一个不错的收纳方法，因为它很大程度上解决了防尘、挤压变形的问题。不过要注意工具的材质，如果是无纺布料的话不太妥当，因为长时间悬挂后，此类收纳工具容易变形，并且清洁也是一个大问题。

③防尘套或包中包收纳法。

这种方法就是直接给包包套上统一透明的防尘套进行收纳，但是要保证有足够的叠衣区空间。如果空间不够，可以将那些不常用的包

装进更大的包里作为填充物，即用包中包的形式收纳。这种方法既节省了空间,又可以防尘，还省去了多余的防尘套。如果本身是易变形的包，最好在包里放置填充物后再收纳，填充物可以是防潮纸或者专门的气泡袋，从而有效避免包包变形的问题。

④添置塑料透明收纳箱。

很多包包远低于衣橱叠衣区的层高，导致衣橱空间浪费。这时候，使用收纳箱就是一个不错的方法。透明的塑料箱体能让包包在家居空间中发挥其颜值优势，成为赏心悦目的风景线。从实用角度来讲，透明设计还可以让人对箱内包包一目了然，拿取更方便，并且可以根据需求自由搭配组合方式。另外，收纳箱比较容易清洁打理，且不会变形。

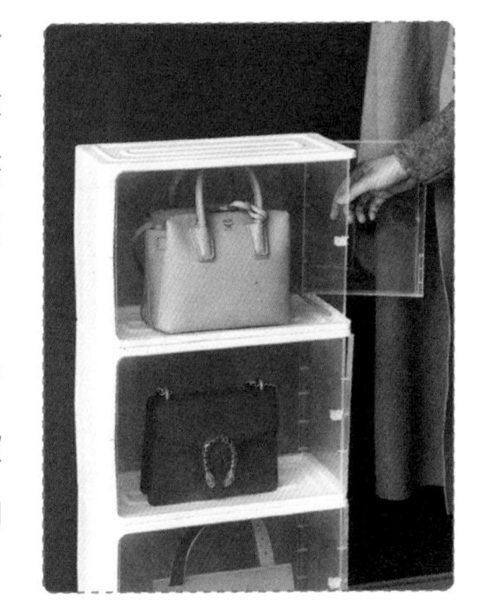

包作为女生心爱之物，收纳好了是一道风景线，收纳不好就会变成破坏房间整洁的罪魁祸首。若是因收纳不当而导致其损耗，想想都觉得心疼。

衣橱防潮防霉小妙招

衣橱受潮是很多居住在低层或朝北房屋的家庭非常烦恼的事情，特别是南方的多雨天气最容易给室内带来潮气，冬天的毛衣、大衣、羽绒服等如果不保存好，过一个梅雨季再翻出来，几百上千元的衣服可能已经长满了霉斑。事实上，阴暗潮湿、闷热又不通风的环境很容易滋生细菌，如果穿着这些不干净的衣物，很容易引起皮肤瘙痒、过敏等症状。所以做好衣橱的防潮非常重要。

首先，一定要保证衣物晾干后再存放进衣橱。生活中很多人遇到过衣橱发霉的情况，然后霉菌染到衣服上，把衣服弄脏甚至弄坏。这主要是由于衣橱湿度大而发生的现象，所以一定要保证衣服晒干后再放进衣橱内，以免将水汽带进衣橱，这在一定程度上可以保证衣橱的干燥，降低发霉的概率。

其次，一定要保持通风透气。衣橱发霉还有一个原因是受潮后不能快速通风干燥，所以平时要注意勤打开柜子和室内门窗等，以保持居室通风透气，这样有利于房间保持干燥，同时柜子也不容易受潮发霉。不过要注意天气情况，如果是下雨潮湿的天气，就尽可能不要打开衣橱了，而要关紧门窗，以免外面空气里的湿气进入家里，预防衣橱及衣物受潮。

最后，建议在衣橱里放置干燥剂，并定期更换。现在有很多防潮除湿剂，袋装和盒装的都有，结合使用，效果更佳。当然，除了成品，竹炭和茶包也是不错的选择，但是这些物品需要提前用透气的袋子装起来，以免将衣物弄脏。

除了以上方法，每次换季的时候可以找一个晴天，将衣物好好晾晒，同时也将衣橱好好做一下清洁、干燥和通风，这样衣橱就会大大降低甚至避免潮湿发霉。至于潮湿的地下室，如果想在这里存放大量的过季衣物，建议用悬挂的真空袋进行隔离，以杜绝发霉现象，从而很好地保护衣物。

衣物防虫防蛀小妙招

衣橱没有科学养护，或者衣物没有科学收纳，就容易出现蛀虫现象。特别是到了夏天，各种虫子齐聚一堂，真令人苦恼，甚至有些虫子严重地影响了家居生活。那么，如何正确地选择防虫剂，从而规避蛀虫呢？掌握以下四个步骤就可以啦。

①保持干燥。

存放衣服的衣橱要时刻保持干燥状态，因为潮湿环境利于蛀虫的生长和霉菌的滋生，所以最好把衣橱放在朝南的房间。朝北的房间光照量不足，不利于衣橱保持干燥，尤其梅雨天，更容易出现虫蛀和发霉的情况。

②保持清洁。

“一屋不扫，何以扫天下”，作为存放衣物的衣橱是绝对不能堆放杂物的，更不能长期不打扫，这样很容易让灰尘和细菌沾染到衣物上。此外，人体脱落的角质、食物残渣也非常利于蛀虫繁衍生息。所以，所有衣物在收纳入柜前都需仔细清洁并且晾干，还要对衣橱进行定期通风、晾晒，以减少蛀虫。即使是不易生虫的化纤、棉纺布料的衣物，如果要和羊毛制品一起收纳，在收纳前也要清洗干净。有些没怎么穿的大衣，如果担心频繁清洗有损衣物，可以找一个艳阳高照的日子，用刷子小心地把大衣刷一遍，领口和衣服接缝的地方要重点刷，从而有效清除虫卵和幼虫。大衣在阳光下要多晒几个小时，里外都要晒。

③巧用密封袋收纳。

棉袄、被子这些比较大件的棉质衣物，最好不要叠完就直接放进衣橱里，建议用可以抽气的密封袋将它们真空保存。一般情况下，不建议这样收纳羽绒服，如果一定要使用这种方法，注意不能抽得太空，抽空气前一定要保持衣物清洁。这对南方地区的家庭来说是抵御梅雨天和桑拿天的终极装备。

④巧用防虫剂。

樟脑丸能驱虫，因此可以将樟脑丸放在衣服的口袋里再放入衣橱，从而有效防止蛀虫。不过很多人并不知道樟脑丸的正确使用方法，樟脑丸是不能跟合成纤维的衣物直接接触的，否则会损坏衣物的纤维。所以建议在使用樟脑丸时用纸巾包好存放。但是不管是合成的还是原生的樟脑丸，它的气味附在衣物上很难散去，所以孕妇、呼吸道疾病患者及小孩要尽量避免使用。相较而言，还是建议使用纯天然的香樟木或者现在比较流行的清香片，它们也可以有效预防虫蛀。

科学的衣橱清洁方法

衣橱使用久了，多多少少会有些污渍，我们要想办法去掉这些污渍才行。尤其到了夏天，气温不断攀升，潮湿而闷热，紫外线强烈，会严重缩短衣橱的使用寿命，这就更需要我们细心地保养衣橱。当然，也有不少人在日常生活中很注重衣橱清洁，但因为方法不对，难免对衣橱造成不必要的损伤。其实衣橱清洁只需要掌握正确的方法，避免误区就好了。

正确的清洁方法是：

①保证抹布干净。

对衣橱进行清洁保养时，一定先要确定所用的抹布是否干净。用抹布清洁或拭去灰尘之后，一定要翻面或者换块干净的抹布再用。不要偷懒而一再重复使用已经弄脏的那一面，否则只会使污物反复在衣橱表面摩擦，损坏亮光表层。

②选对护理剂。

想要维持衣橱原有的亮度，可以用两种衣橱保养品，即衣橱护理喷蜡和清洁保养剂。前者适用于各种木质、聚酯、油漆、防火胶板等材质的衣橱，有茉莉清香、柠檬清香等不同气味可供选择；后者则适用于各种木制、玻璃、合成木材等材质的衣橱，尤其适用于混合材质的衣橱。若能使用兼具清洁、护理效果的保养品，可以节省很多宝贵时间。

③正确使用护理剂。

使用护理剂时，要对着干抹布在距离约 15 厘米的地方轻轻喷一下，然后再拿抹布擦拭衣橱，能起到很好的清洁保养效果。此外，抹布使用后一定要洗净晾干。

衣橱清洁的误区：

衣橱清洁的误区

①不要用粗布或者旧衣服当抹布。

最好用毛巾、棉布、棉织品或者法兰绒布等吸水性较好的布料当抹布，尽量避免使用旧衣服，比如粗布、有线头的布或有缝线甚至纽扣的布料，否则会刮伤衣橱表面。

②不要用干抹布擦拭衣橱表面的灰尘。

很多人习惯用干抹布来擦拭衣橱表面，然而他们不知道的是，灰尘是由纤维、尘土等组成的，这些微小的颗粒在来回擦拭的过程中会损伤衣橱漆面。虽然这些刮痕微乎其微，甚至肉眼无法看到，但时间长了就会导致衣橱表面黯淡粗糙，光亮不再。

③不要用肥皂水、洗洁精或者清水清洗衣橱。

肥皂水、洗洁精等具有一定的腐蚀性，会损伤衣橱的漆面。而水分若是渗透到木头里，会导致木材发霉或局部变形，从而缩短衣橱的使用寿命。现在很多衣橱的材料都是纤维板，如果有水分渗透进去，也许前两年因为甲醛等添加剂尚未完全挥发，还不太会发霉，但是一旦添加剂全部挥发出来，水汽就会引发板材发霉。如果环境比较潮湿，衣橱有可能每年都要“霉”一场。另外，即使衣橱表面用的是可以用清水擦洗的钢琴漆，也不要长时间留置湿抹布，以免湿气透过漆层渗入到木头里。

④衣橱护理喷蜡不能用来清洁、保养皮质衣橱。

衣橱护理喷蜡只能用来喷涂木质衣橱表面，不能喷涂在皮质衣橱上，因为喷蜡会导致皮革制品的毛孔堵塞，从而使其老化而缩短使用寿命。此外，如果喷蜡使用不当，反而会让衣橱表面产生雾状斑点。

除了养护衣橱，其实我们还应该懂得怎样科学地给衣橱消毒杀菌。2020年新型冠状病毒引起的新冠肺炎，几个月的时间便在全球迅速蔓延，乃至感染至上千万人，这让大家对家庭消毒防护的重视瞬间提升了一个高度。作为跟我们皮肤接触最久的衣物，其存放区的消毒防护就显得举足轻重了，那么如何做好衣橱的消毒杀菌呢？

①酒精。

酒精本身能使细菌的蛋白质变性凝固，而其又有挥发性，在擦拭消毒后不必再用清水洗涤，因此在日常生活中使用范围比较广泛。用

酒精消毒衣橱时，可以先将衣橱多余的污渍清除后再用 75% 的酒精擦拭，如果是 95% 的酒精，则要与水按 15 ∶ 4 的体积比稀释后再使用。皮质衣橱和上漆的衣橱不建议使用酒精消杀，如果家人对酒精过敏，也不建议使用这种方法。使用酒精时要记得戴口罩和手套，且一定要避开火源。

②蒸笼。

衣物的消毒可以使用蒸笼，从水沸腾起蒸 20 分钟即可。真丝、皮革和含有维纶柞蚕丝的衣物不可以使用这个方法。

③紫外线。

紫外线照射是一种很好的杀菌法，因此太阳光就可以给衣物、毛绒玩具、棉被等消毒。衣物收纳前最好拿出去通风晾晒，特别是床品和毛绒玩具，因为这类纤维较多的物品特别容易滋生细菌。

④空气清洁。

常对室内进行通风换气非常必要，千万不能因为怕冷而忽视通风。

⑤含氯消毒液。

这种消毒液可有效消毒杀菌，直接稀释装进塑料壶喷洒即可，也可以用抹布擦拭，但是要避开食物和餐具，主要用于桌椅、床、柜体、墙、地面等。

整理让生活更精致

- 怎样获得高品质的生活?
- 有舍有入，生活随心而活
- 坚持理性购物，杜绝过度消费
- 学一点服饰搭配的知识
- 学会让衣橱“增值”

怎样获得高品质的生活？

要想获得高品质的生活，你需要懂得如何整理，养成良好的生活习惯，并且还要有一点审美意识。

①通过整理过上高品质生活。

有人说，人生有两大痛点：剁不掉购买的手和塞不下东西的空间。但你要明白，房子不是错落无序的储藏室，而是你生活的家。

整理早已成为每个家庭必须要做的一项工作。经常有人抱怨无论自己收拾得多干净，只能维持几天，过后一切又重新杂乱。但事实上整理不同于做家务，不只是擦擦桌子、扫扫地，让家里表面干净整齐了就行的，整理需要处理人、物品和空间三者之间的关系。

我曾经遇到过一个客户，她的衣橱不大，衣物也不多，我到现在都记得很清楚：春夏单品有白色棉质衬衫、白色真丝衬衫、横纹长袖T恤、白色短袖T恤、蕾丝七分袖小黑裙、灰色羊毛开衫、黑色轻便裤子、深蓝红花开衩中裙、黑色A字裙以及深蓝色牛仔裤各一条；秋冬单品有两件羊绒衫，分别是灰色和黑色的，两件真丝衬衫，分别是酒红色和深蓝色的，白色棉质衬衫，灰色戴帽套头运动卫衣，剪裁讲究的黑色羊毛裤装，黑色羊毛包臀中裙，黑色紧身牛仔裤或靴裤，以及深蓝色牛仔裤。

这些衣服都成套悬挂在一个区域，另一个挂衣区则专门悬挂长短外套。这样，她每次外出之前，只要根据当天的活动，在这些心爱的单品中挑选出最适合的上衣，就能随之找到相应的整套搭配，再找到对应的外套、鞋子和包包，就能立刻出门。

她衣橱内放的并不是什么大牌奢侈品，但这样的整理态度让她的衣橱几乎可以与那些大牌橱窗内的陈列相媲美。

整理，不仅可以让我们收获整齐有序的环境，更能让我们收获一个高品质的生活。这种高品质并不在于价格有多昂贵，而是源于对生活的热爱，体现在对生活更高层次的理解和追求，对自我的肯定，以及对价值的重视和对物品的爱惜。

②培养生活好习惯，精简你的人生。

每个人都很渴望成功。真正的成功不是光有钱就行，而是要实现自己的人生价值，真正成为自己想成为的人，过上自己真正想过的生活。那么如何才能成功呢？

好习惯是开启成功的钥匙，它可以让我们目标明确，做事全神贯注不拖沓，工作效率提高，相应的生活压力就会减小，在工作和生活中找到平衡。而坏习惯则会使人无所事事、碌碌无为，最终带你走向失败。所以，不夸张地说，有怎样的习惯，就会有怎样的人生。

要养成好的生活习惯，就要精简我们的生活。

保持简单，就不需要数量庞大的物品，因为你会花费大量时间和精力在整理这些物品上，根本就不值得。不论是整理放袜子的抽屉还是挂衣区的衣服，应尽可能减少数量及存放步骤，否则你会因为挫折感而不能长久保持整理习惯。

养成生活好习惯，要学会给生活中的事情划分优先等级，摸索怎样做才是捷径以及怎样做才能迅速完成。比如每晚花几分钟整理桌子，清理电脑中的文件或电子邮件，或者清理冰箱中的过期食品等。

③让美环绕在我们周围。

在生活美这方面，日本人做得非常好，值得我们学习。他们所使用的工具、衣物、家居物品，不管是朴素的、日常的还是豪华的，每种都具有与其用途相符的功能、技术，并且外表都很美。可以说，日本人的生活方式秉承“用之美”的理念，即将使用方便与外表美观融为一体。

能维持美丽家居的人，往往具有美的意识和丰富的见识。可能有人觉得“这是有钱人才能做的事情”“房间太小做不了”，但美的意识其实和钱多钱少毫无关系，只与能否意识到事物的美有关。

现在盛行减少物品的极简生活，关于如何丢掉无用物品的书有很多，但没用的物品依然没有消失，这大概是因为人们对物品过于执着。如果能够提高审美意识，邂逅美物的喜悦往往能够消除一部分这种执着。只置办美物，即使对一件内衣、一双袜子、一条腰带也不妥协，只使用具有美感的物品，这就是“用之美”，美并非只属于装饰品和收藏品。

事实上，很多收藏品在空间允许的情况下还好，在小户型里大多会成为累赘。从某种意义来讲，收藏行为就是人们被吸引的过程，目标是终结对收集的执念。审美水平越高，越能意识到物品与空间融为一体后产生的美，并从中获得安宁。我不是让你什么收藏品都不要，也不建议单纯为了显示社会地位而收藏，而是希望你能为了拥有恰当的、应该拥有的物品而收集，这才符合美的意识。

有舍有入，生活随心而活

每个人都憧憬幸福的生活，但越来越多的人却在生活中感觉劳累、疲惫而幸福感不足。这似乎已经成了现在人们的通病，焦虑、悔恨、无奈是很多人共同的感受，并且觉得这样的生活状态无法改变。

其实让我们感到疲惫和焦虑的不是别的，正是我们自己。我们执着于得到，忘记了给予；执着于拿起，忘记了放下；执着于加法，忘记了减法。就像一艘载货轮船，一路装货，如果不知节制，超过荷载量，就会导致翻船。我们的生活也是一样，如果超过承受极限，就很难快乐、轻松。

然而，人的一生要面对无数诱惑与磨难，往往不得不在舍与得之间徘徊。如果贪多求全，终将一无所获。这就是很多人衣橱装得满满当当，却永远找不到想穿的衣物的原因。在舍弃之前，首先要明白自己最需要的是什么，自己的目标是什么，这样才能更加快速准确地舍弃那些对自己不是特别重要的东西，不至于纠结。

做到舍之后，我们还需要知道如何更好地入。都说舍是一门学问，而入又何尝不是呢？要做到科学地入，就需要懂得到底是什么在背后影响我们的购买行为。

事实上，人的购买冲动是一种本能。远古时期，人们看到任何有利于生存的东西都会收集起来，即使暂时用不到，也要囤积，以备不时之需。人们担心一旦错过，可能就很难再遇到这些东西。即使物质并不匮乏的现在，我们在面对稀缺品的时候，仍然会唤醒内心深处的这种焦虑感，尽管我们不知道什么时候会用到这件东西，但依然想要得到它。因此，当我们看到折扣的标签时，便产生了这种冲动。就好像现在不买这件东西，它就会从我们生活中消失一样；或者这个价格只有一次，再遇到这样的机会不知要等多久。对于很多人来说，如果商品不打折，不购买并没有付出成本，也就不会有什么感觉；但是一旦商品打折，不买就好像损失了什么，于是便会购买以减少损失。

而从获得来讲，购物会促进很多人的大脑分泌多巴胺，这是一种能让人快乐的物质。所以购物绝对是一件让人快乐的事情。对有些人来说，购物还能释放悲伤情绪，让他们感觉快乐并对生活更有控制感。

除了害怕损失、从购物中获得快乐，人们购物还有一个原因就是从众心理。人们在遇到不明情境或缺乏对当前情况的认知时，会将其他人的行为作为参考，而多数人的行为，便是最可靠的参照系统。所以当有很多人购买某件物品时，就容易引发其他人的从众心理。

在了解购物冲动背后的原因后，我们应当理性控制自己的购物欲望，学会放弃购买某些物品的想法，因为它们可能并不是我们真正需要的东西，只是我们某种心理想要寻求出口的垫脚石。只有学会理性地购物，你才会发现生活越来越轻松。

坚持理性购物，杜绝过度消费

家不仅是一栋房子，也是我们安居的地方。每个人都想在家里收获轻松与愉悦，但随着时间推移，家里的东西越积越多，给整理带来很多不便。扔掉固然是一种办法，但是治标不治本，要从根本上解决这个问题，就要做到理性购物。

给大家分享一个故事，一个毕业不久工资不高的年轻人，每天下午都要喝一杯咖啡，还必须要喝星巴克 30 元一杯的咖啡。有朋友问他，工资不高，为什么不喝便宜一点的咖啡呢？他回答道："我就是喜欢手捧星巴克走在办公室里的感觉，它不仅是咖啡，更是一种生活状态，优雅、精致、从容。"

我们提倡精致生活，但真正的精致是与生活状态相匹配的一种生活态度，不以价格来衡量，并不是用了多贵的物品、吃了多贵的食物或是买了多贵的衣服就精致了。要做到精致，首先要接受内心真正的自己，清楚自己真正想要的是什么。

在生活中，花钱分为两种，一种是非花不可的，这种是刚性需求；一种是不花也无所谓，花了更开心的，这种是弹性需求。一般来说，正常的消费方式是刚性需求的用度大于弹性需求，但不知从什么时候开始，越来越多的人宁愿压缩自己的刚性需求来满足弹性需求。

我们可以把理性消费简单理解为量入为出、适度消费，也就是说，要在自己的经济承受能力范围之内消费。那么如何理性购物便是一门学问了。

有些人是天生的“购物狂”，在社会节奏不断加快、生活压力不断增大的当下，很多人不断用购物来填补生活，甚至有人把购物当成一种减压的放松方式。然而，这只能短暂地让我们逃避烦恼，却为未来的生活带来很大隐患。因此建议在购物时坚持两大原则：

购物两原则

①**固定每月逛街或看网店的次数，非必要情况不逛，即使要逛，必须限制物品添置的数量，而且在逛之前要列好必需品的购物清单，这样就会在很大程度上降低购买不必要物品的概率**。如果当月逛街的次数超出自己预设的次数，可以制定个人惩罚机制，比如下个月不逛了，或者限制本季度的消费金额等。总之，设立惩罚机制让自己不犯错是个不错的办法，但是要注意惩罚不能太轻或太重，否则都不利于执行。

②**每月要求自己必须存多少钱，学会记账，不仅要记录消费，还要记录一个省钱账本作为“意外惊喜筹备基金”，用来奖励自己**。比如这次你本来想购买一件物品，但是思考后没有购买，然后就可以把这笔钱记录下来，这便是一笔“意外惊喜筹备金”。

在购物前，最好思考以下几个问题：

购物前的思考

①**是刚性需求吗？**

②**我是真正需要它，还是只喜欢它？如果是后者，一个月后我还会喜欢它吗？**

③**如果是需要它，那么买回去后我能保证每周用一次或至少每月用一次且坚持半年吗？**

④**家里没有类似功能或者重复的物品吗？**

⑤**买回去后是否有地方存放？**

如果这些问题中有三个以上的答案都是否，那就毫不犹豫地放弃购买吧，因为这种物品买了只会让家居空间越来越小却毫无价值。

另外，购物时还要注意杜绝过度消费现象。除了上面提到的例子，其实生活中不少人的花费都远远超出自己的收入。我曾看过一个报道，90 后的平均存款只有 815 元，56% 的 90 后没有存款。更可怕的是，没有存款就算了，很多人还背着信用卡、蚂蚁花呗、借呗、京东白条等债务去透支自己的未来。

为什么已经成为社会中坚力量的 90 后会过成这般模样？一个重要原因就是过度消费。

一些人拿着一般的薪水，却追逐高消费的生活品位和方式。虽然已经工作几年，却几乎没有积蓄，对此还有很多理由，比如富养自己，善待自己，工作这么辛苦，多花点钱，住好点，给自己更精致的生活状态……其实这些不过是给自己找一个过度消费的借口而已！

© 摄图网

大多数人的消费行为受到消费心理的影响，比如从众心理、攀比心理等，这些心理很容易促使人们产生不理性消费、情绪化消费。因为一时头脑不冷静而造成的消费，最后会给自己的生活带来囤积的烦恼。所以消费时我们一定要避免盲目跟风，避免情绪化消费，不要只注重物质而忽视精神。总之，一定要坚持从实际需求出发。那么，如何杜绝过度消费呢？

①养成节约意识。

要想从源头上解决过度消费的问题，就要从思想上下功夫，让自己养成节约意识，避免铺张浪费。如果自己现在的消费超出当下的收入，继续下去只会透支自己的未来。

②提前做好预算，实行计划消费。

提前做好每个月或者每个季度的消费计划，做计划之前要总结上次的消费结构是否合理，如果不合理就进行适当调整。如果可以的话，将消费计划罗列出来，方便自己更加清楚消费结构，也容易找出问题所在，从而进行规避。

③量入为出，适度消费。

制定适合自己的消费体系，不管是社交娱乐消费还是基本生活消费，都要学会记账，除去最基本的消费支出外，要核算并计划其他消费在收入中的占比。当我们把自己的消费在收入中的占比固定后，再将各板块细分，你就会发现自己的消费其实是完全可控的，并且能让我们在很大程度上解决无节制消费的问题。当然，这样做的前提是在制定标准后能够严格执行和遵守，否则就不会起作用。

总之，我们一定要清楚，人的一生无论空间、时间还是精力、金钱都是有限的，一定要把有限的资源用在真正值得的事物上，让其价值最大化，而不要浪费在自己的虚荣心上。不要过度放纵自己的空虚感，然后用有限的时间、空间去填补。

生命诚可贵，透支最昂贵！

学一点服饰搭配的知识

现代社会，人们对美的赞誉已经不只停留在“漂亮”“酷”，而是更关注“品位”“品质”，可以说，“有品位”是对穿着打扮极高的评价。这就要求我们在追求美的过程中，不能简单粗暴地只看外表，还要在内在品质上去花心思。

“有品位”指的是穿着简洁但让人觉得时尚，不一定要出奇，也不一定要精致，但一定得能让人感到一种舒心的美，并让人产生愉悦感。

在讲搭配服装前，首先要了解基本服饰。那基本服饰是什么呢？比如，大部分人都适合衬衫和裙子或裤子的搭配，上身还可换成应季的短上衣或针织开衫等，这就是基本服饰。无论学院派、通勤风、休闲风等，无一不适用这种搭配，而且这种搭配在材质和颜色上可以有很多变化。

事实上，服装的风格和特征常常通过色彩营造出来，色彩搭配得当，可使人显得端庄优雅，搭配不当则会比较“辣眼睛”。一般来说，纯度越高

的颜色越华丽，适合在重要场合穿着；纯度低的颜色则显得柔和，适合轻松一些的场合。

那么，要怎样选择服装的颜色呢？简单来说，想要引人注意的话，一方面可以考虑红色、黄色、橘色等本身就比较鲜艳的颜色，还可以通过强烈的对比色达到同样的效果，比如用黑色和白色、黄色和紫色等。想要显得端庄严肃，可以选择黑色和深蓝色的职业装；想显得柔和的话，则应选择适合自己的柔和色彩以及中间色等。想要表现稳重，可以选择卡其色、茶色和浅灰色；若是更偏重于表现女性的温柔时，不妨选择粉色和浅蓝色等。

除了颜色，衣服的材质也非常重要。一般来讲，材质和缝制工艺从一定程度上决定了服装的品质。从自身需求出发，选择适合自己的较好材质，可以既穿着舒适，又能穿出品质。

再就是服装的款式也要多加留意。比如对于女性来说，一般上身较短的衣服更能保持整体着装的平衡美。迷你裙和裤子适合较长的上衣，但就女性的身材比例来看，短上衣才是基础。

服饰搭配方面建议大家最好多了解一下服装颜色、材质和款式的相关知识，然后重新审视自己的服装，看看是否符合自己想表现的感觉。

事实上，真正能展现自己的美的人，不是靠什么一决胜负的衣服，而是靠日常服装。如果说日常言谈举止是气质的根本，那么日常服装便是服装的根本。

生活中，我们经常会一件日常服装穿很多次，这就要求它们易活动、易穿着、有型，能较长时间保持质量。从某种角度来说，日常服装的质量应该高于外出服。但是，日常服装达到的效果不同，人的生活模式或者生活行为也不同。有时工作装和日常服装是一样的，那么就可

以直接穿着日常服装外出，就当作一般工作日的外出服，然后其他时间根据外出场合不同来调整。一般来说，毛衣等编织类服装利于日常活动，是最合适的日常服装之一，搭配首饰则更能增加魅力。

日常服装也需要适当的美感。一般来说，宽松款式的衣服穿着舒适，却不一定美观。这无关体型，无论胖瘦，适合自己身材的衣服会根据体型的变化而改变形状。但过于宽松的衣服会因为行走而变形。相比于体型，身体的动作美更能决定衣服的美。

这里提几点建议，用以提升衣橱中日常衣物的档次：

提升日常衣物档次

①选择易于活动、穿着心情好、可长期穿着的高品质日常服装。

②不要为了放松而懈怠，要追求身体的姿态之美。

③相比于放松的服饰，更应该选择美而适合、易于活动的衣服做日常服装，事实上，美而适合的衣服更能令人感到放松。

做到以上几点，你会发现自己的衣橱即使很多都是日常服装，也依然会让自己感到满足，同时整理也会轻松容易很多。

学会让衣橱“增值”

我曾经见过这样一个衣橱：20平方米左右的衣帽间里，挤着普拉达、香奈儿、古驰、纪梵希等很多奢侈品牌的包包、衣物，最显眼的是拐角处上下两层的爱马仕铂金包。如果不是亲眼看到、亲自参与整理、亲手擦掉那层厚得连品牌都看不到的灰尘，我根本没法相信那是几十万的爱马仕铂金包。如果不是亲自整理，我也没法想象在衣橱里揉成一团的T恤是纪梵希的，歪着挂在衣架上面皱巴巴的衣服品牌是普拉达、香奈儿……

在普通人看来，这样的衣橱好昂贵啊，可能都够买一栋别墅了，可只有真正拥有它的人才知道其中的烦恼。无论衣物昂贵还是廉价，像山一样堆积在衣橱里，在给主人带来内心满足感的同时，也让他们失去了更多的时间。其实很多人日常生活中常穿的就那么几件，在这样的衣橱里却要浪费大量时间寻找，若是因为找不到心爱的衣服，还会出现负面情绪，甚至将这些负面情绪传递给家人。

我们总是买很多衣物囤积在衣橱里，感觉它们很有价值，让人很有成就感和满足感。可事实却往往相反，你拥有的物品越多，衣橱的真正价值就越低。因为很多人不愿意舍弃，而更愿意陶醉在疯狂的购买中，从而给生活带来不便。

心理学中有一个“沉没成本效应”定律，指的是相比于没有任何投入的时候，当人们在一个事物上投入了一定

时间、金钱或努力后，会更倾向于继续投入。从人性的角度出发，人们总是不愿意承认自己是错的，讨厌损失。比如在一个衣橱里，你购买的东西越多、越贵，投入和付出越多，就越不愿意丢弃，反而更倾向于继续购买，有时会让人陷入到一种越增加就越痛苦的循环中。

因此，我们应该学会自我察觉，及时止损。我们要明白，购买衣物的真正目的是为了让自己穿得舒适，穿出愉悦感，穿出好心情。所以衣橱的价值在于里面所装的衣物是否都是自己喜欢的、常穿的，是否都是有价值的、有意义的。

具体来说，若将沉没成本效应应用到衣橱整理上，它可以带给我们以下启示：

①**给衣橱设定存放数量目标。**

②**清晰界限，在入和舍的时候警惕情绪的影响。**

③**承认自身问题，及时纠正止损。**

沉没成本效应的启示

当然，除了给衣橱进行更好的整理，还需要让它“增值”，使其发挥更重要的作用。

怎样才能让衣橱增值呢？简单来说，就是要将更多的时间、空间和精力放在真正喜欢的物品上。只有找到真正喜欢和热爱的，才能发现生活的乐趣，才会对其小心呵护，这样的物品才会越久越珍惜，越用越喜欢。当然这有一个前提，就是要做到少而精，也就是买精不买多。或许你觉得自己会失去很多，但只有真正做了，你才能知道这样的生活其实会给我们带来更多，比如更多的时间、更多的精力、更多的空间、更多的好情绪，以及最重要的——更美好的家庭。